엄마,
내 아이를
부탁해

엄마, 내 아이를 부탁해

2015년 09월 08일 초판 01쇄 인쇄
2015년 09월 21일 초판 01쇄 발행
—

지은이   임영주
—

그림   임은희
—

발행인   이규상
편집장   임현숙
책임편집   허자연
편집팀   김연주 김은정 허자연 강설빔
디자인팀   박진희 김아란
상품기획팀   사공정민
마케팅팀   이경태 이인국 최희진 강준기 박지영 이봄이
—

펴낸곳   (주)백도씨
출판등록   제300-2012-170호(2007년 6월 22일)
주소   110-034 서울시 종로구 자하문로58 강락빌딩 2층(창성동 158-5)
전화   02 3443 0311(편집) 02 3012 0117(마케팅)
팩스   02 3012 3010
이메일   book@100doci.com(편집 · 원고 투고) valva@100doci.com(유통 · 사업 제휴)
블로그   http://blog.naver.com/kid_care   나무수   http://blog.naver.com/100doci
카카오스토리ID   육아상담소(kindercare)
—

ISBN   978-89-6833-064-3 13590
© 임영주, 2015, Printed in Korea

이 도서의 국립중앙도서관 출판예정도서목록(CIP)은 서지정보유통지원시스템 홈페이지(http://seoji.nl.go.kr)와
국가자료공동목록시스템(http://www.nl.go.kr/kolisnet)에서 이용하실 수 있습니다.(CIP제어번호: CIP2015023719)

친정 · 시댁에
아이를 맡기는
직장맘을 위한
엄마 수업

엄마,
내 아이를
부탁해

임영주 지음

물주는아이

엄마,
내 아이를 부탁해

직장맘의 70퍼센트가 조부모의 손에 아이를 맡긴다는 기사를 읽었습니다. '할빠(할아버지+아빠)'와 '할마(할머니+엄마)'가 2014년 대표 신조어로 신문 지면에 실렸지요. 여러 기사가 증명하듯 지금은 조부모 양육 시대입니다.

어느 현상이든 동전의 양면이 존재하지요. 조부모 양육도 마찬가지입니다. 조부모가 키운 아이는 사랑을 많이 받아 자신감이 있고 예의가 바르다는 긍정적인 시각과, 반대로 지나치게 사랑을 주어 아이의 버릇이 나빠질 것이라는 부정적 시각이 있습니다.

부모의 입장에서는 부정적인 면을 감내하더라도 남의 손에 양육을 맡기기보다 내 어머니에게 맡기고 싶다고 입을 모읍니다. 내 어머니는 나만큼 아이를 사랑으로 보살펴 줄 거라고 확신하기 때문입니다. 또한 아이의 입장에서도 할머니 품은 그 어떤 곳보다 편안합니다.

이렇게 장점이 많은 어머니가 그저 내 아이를 맡아 주시기만 바랄 뿐입니다. 하지만 평소 친구처럼 잘 지내던 모녀 사이도 아이를 맡긴 후로는 사사건건 갈등 직전이라고 합니다. 어려운 고부 사이에는 말 못 할 갈등만 켜켜이 쌓인다니, 내 아이 잘 키워 보겠다고 어머니께 맡겼는데 대체 어떻게 해야 할까요.

내 맘처럼 안 되는
내 아이 육아

"아이가 보고 싶어 퇴근을 시댁으로 하는데 자꾸 얼굴 보이지 말라세요. 아이가 엄마를 찾아 당신이 너무 힘들다고 일주일에 한 번만 오라고 하세요. 전 아이가 너무 보고 싶은데 말이죠."

"어머니가 텔레비전을 너무 틀어 놓으세요. 보시지 않을 때도 항상 켜 두시니 아이는 하루 종일 텔레비전을 보는 거죠. 어떻게 해야 할지 막막해요."

"저희 아버님은 외출하고 오셔서 손도 안 씻고 아이를 안으세요. 예뻐하셔서 그러시는 거라 말씀드리기 뭣하네요."

"맨손으로 아이의 입을 쓰윽 훔치시는데, 그건 아니잖아요. 여러 번 말씀드렸는데 역정을 내셔서 이제는 말도 못 꺼내겠어요."

"아이에게 먹이는 음식이 전부 짜요. 제 입에도 짠데 아이에게 얼마나 해롭겠냐고 했다가 '네 남편도 다 그렇게 먹고 컸다'고 쏘아붙이셔서 할 말을 잃었어요."

"세상 모든 시어머니들이 다 며느리 얘기에 귀를 닫는대도 우리 어머니는 다를 줄 알았어요. 저를 엄청 예뻐하셨거든요. 그런데 아이 육아에 대해 조금만 조언을 드려도 '네가 똑똑한 줄 알았지만 그렇게 똑똑한 술 몰랐다' 하시더라고요. 눈물이 쏙 났어요."

"시어머니의 육아 방식에 대한 불만을 신랑에게 말했더니 '그럼 장모님 한테 맡기든지'라고 하더라고요. 저는 그저 속상한 마음을 나누고 싶었을 뿐인데 너무 서운해서 결혼 후 처음으로 큰 소리 오가게 싸웠어요."

아이를 맡기며 갈등을 겪는 엄마들의 사연은 끝이 없습니다.

손주 보면서
'유리 가슴' 되어 버린 어머니

"퇴근해 돌아온 며느리가 '다녀왔다'는 인사도 빼 먹고 '어머니, 애 어디서 이렇게 긁혔어요?' 하며 아이의 볼을 살피니 가슴이 덜컥합니다. 하루 종일 잘 돌본다고 봤건만 '어디? 어디?' 하며 다른 곳에도 상처가 더 있는지 찾더니만 아이의 엉덩이를 툭, 때리면서 '너, 왜 이렇게 맨날 다쳐! 응? 왜 이렇게 엄마 속상하게 하니. 도대체 너 때문에 엄마 직장 다니겠니?' 하더라고요. 며느리 애기를 들으면 손주는 매일 다쳐요. 내가 제대로 안 봤다는 애기지요. 내 애 키우는 것과 손주 키우는 건 천지 차이예요. 어쩔 땐 저러는 며느리 보고 있으면 눈물이 난다니까요."

"김치를 잘게 찢어서 아이 숟가락에 얹어 주는데 마침 퇴근해서 들어오던 딸이 무슨 못 볼 걸 봤다는 듯이 달려오면서 숟가락을 내 손에서 잡아 채듯 해요. 받아먹으려고 입을 벌리던 손녀가 '으앙' 우니까 '너 왜 울어. 이런 거 먹으면 안 돼!' 하며 몹쓸 음식 대하듯 그릇에 탁탁 털어 버리더라고요. '엄마 예전부터 말하려고 했는데, 엄마 음식 너무 짜. 그렇게 짜게 먹이면 애 건강에 안 좋고 뇌 발달에도 안 좋대. 영아기에는 모든 게 뇌 발달로 연결된다니까 음식 좀 주의해 줘' 하는데 애 맡기곤 어찌나 나를 가르치는지 하루도 안 부딪치는 날이 없네요."

손주 육아를 하는 어머니들의 하소연도 끝이 없습니다.

엄마와 할머니, 아이 키우는 둘의 마음이
어떻게 하면 뻥 뚫릴까요?

엄마도 할머니도 아이 잘 키우고 싶은 마음은 같은데 갈등은 깊어만 갑니다. 말을 하면 갈등이 생겨나고 말을 아끼니 '말 못 할 갈등'이 쌓입니다.

어머니 입장에서는 엄마 걱정은 하지 않고 아이 걱정만 하는 딸이 야속하고, 딸은 아이 맡아 주는 엄마가 고맙고 죄송하지만 육아 문제로 상의할 때마다 잔소리로 여기고 들으려 하지 않으니 서운하고 지칩니다.

갈등은 어떤 관계 속에서든 있습니다. 하지만 엄마와 딸, 어머니와 며느리 사이에서 귀한 아이를 맡고 맡기면서 야기되는 갈등은 가족이라서 더 곪기 쉽습니다.

어떻게 하면 갈등을 줄일 수 있을까요?

이 책에서는 '못하는 점만 지적하는 며느리와 딸에게 서운병 걸리겠다'는 어머니들과 '그렇게 잘 키우면 네가 키워라'는 소리 들을까 봐 말대꾸도 못하는 딸과 며느리의 사연을 다양하게 담았습니다. 어머니의 마음을 이해하고 지혜롭게 처신해 갈등을 줄일 다양한 해답을 이 책에서 찾을 수 있습니다.

아이를 맡는 손은 어머니지만 '아이와 어머니와 가족 모두의 행복'은 지금 아이를 맡기는 엄마의 손에 달려 있습니다. 아이를 맡기는 엄마의 지혜가 내 어머니의 마음을 촉촉히 적시면 손주를 향한 '할머니의 넉넉한 품'으로 열릴 것입니다.

부탁보다는 다정한 감사의 한 마디 건네는 것.

지적을 하기 전에 말투를 점검하는 것.

'어떤' 말보다 '어떻게' 말하느냐가 중요하다는 것.

어머니의 건강이 아이의 육아와 직결된다는 것.

그래서 내 아이를 사랑하는 만큼 어머니를 더 많이 돌봐 드려야 한다는 것.

이 책에는 이러한 다정한 권유가 담겼습니다.

부디 도움이 되기를 바랍니다.

육아와 일, 둘 다 최선을 다하는 엄마들에게 박수를 보내며

임영주

목차

다섯 ______ 번째 **배려를 잊은 엄마에게**

어머니가 행복해야 내 아이도 행복합니다

첫   번째

지혜가 필요한
엄마에게

'
아이를 맡기는 엄마에게
드리는 신신당부
'

지킬 걸 지키는 '내 아이를 부탁해'

"금요일 저녁이면 시댁에 맡긴 아이를 보러 가요. 시댁이 종갓집이라 그런지 집안 분위기가 근엄하달까요. 결혼 초기엔 적응하는 데 어려움을 겪었지만, 가끔씩 찾아뵙는 거니 신경이 쓰이진 않았어요. 근데 아이를 맡기면서 자주 가니까 속사정이 보이는 거예요. 어머님과 아버님이 사이가 정말 안 좋으시더라고요. 아버님은 어머님께 강압적이고 어머님은 그냥 참고 사신 탓인지 표정이 늘 과묵하세요. 애를 맡기는 입장이 되니 정말 불안한 거 있죠. 그래서 어느 날 남편에게 '자기 집 분위기는 왜 그래?'라고 한 마디 했죠. 그러자 남편이 대뜸 '나보고 어쩌라고? 그럼 너희 집에 맡기든지' 하는 거예요. 그런 대답을 듣게 될 줄 몰랐어요."

"시댁이 지방이라서 혼자 사시는 친정 엄마가 아이를 봐 주세요. 몸이 약한 편이시라 옆에서 보면 안쓰러울 때가 한두 번이 아닌데 남편은 걱정은커녕 '장모님은 젊은 분이 왜 그렇게 아픈 데가 많으셔? 애를 안아 주지도 않으시는 것 같아. 늘 보행기에만 앉혀 두잖아. 자기가 보기엔 어때?'라고 하는 거예요. '어떻긴 뭐가 어때? 엄마가 아프시지만 한 번이라도 애 못 봐 준다고 말 한마디 하시는 거 봤어? 그만하면 된 거지. 우리 엄마한테 큰절해도 부족해' 하고 쏘아붙였어요. 남편이 너무 실망스러워요."

•

어머니는 베이비시터가 아닙니다

친정 엄마나 시어머니는 준비된 베이비시터가 아닙니다. 베이비시터에게 아이를 맡길 때도 사전에 여러 번 만나서 보육 방법 및 육아 조건 등 구체적이고 현실적인 이야기를 의논합니다. 서로 이 조건이 맞아야 합니다. 부모 입장에서는 베이비시터의 자질과 자격이 마음에 들어야 하고, 베이비시터의 경우에도 상대가 제시한 조건이 좋아야 수락을 하는 것이지요. 이 관게는 실링 조선이 안 맞아 거절을 하더리도 평생 시운할 일도 없고 등 돌릴 이유도 없습니다. 그러나 손주 육아는 다릅니다. 아이를 사이에 두고 엄마와 할머니는 이런 시시콜콜한 조건을 묻고 답하며 조건에 따라 하고 안 하고를 결정하지 않지요. 정과 혈연으로 맺어진 사이니까요. 그래서 애매하고 갈등이 더 불거질 수 있는 사이입니다. 각별히 조심해야 하고 더 존중해야 합니다.

서로의 집안을 폄훼하지 마세요

며느리는 설령 시어머니의 상황이 이해되지 않더라도 섣불리 평가해서는 안됩니다. 반대로 친정 엄마가 아이를 돌봐 주는 것만으로도 고맙고 미안한데 사위가 장모의 결점을 들추듯 말하면 아내는 남편을 존중하기 힘듭니다.

이처럼 육아를 책임지는 양가 어머니를 두고 서로 왈가왈부한다면 부부 사이에 위기가 올 수 있습니다. 상대방 어머니에 대한 존경이 전제되지 않으면 아이에게도 영향이 미치지만 부부 사이도 금이 갈 수 있습니다.

상대의 집안을 깎아내리거나 폄훼하지 마세요. 오히려 칭찬하며 좋은 점을 얘기해야 합니다. 아이를 키워 주서서 얼마나 감사한지, 당신의 어머니 같은 분은 이 세상에 없을 거라고 자주 강조해야 합니다. 부부는 아이를 맡길 때 남편의 집안이 아내의 집안이고, 아내의 부모님이 남편의 부모님이라는 마음으로 서로에게 예의를 지켜야 합니다.

"자기 어머니는 정말 육아 고수야. 우리 어머니, 난 존경해. 정말 감사해."

“우리 장모님은 자기도 잘 키우시더니 우리 서연이는 더 잘 키우시는 것 같아. 정말 고마운 거 있지. 우리 잘해 드리자.”

“여보, 어머니는 정말 천사셔. 난 어머니가 우리 아이 봐 주셔서 정말 고맙고 행복해.”

“자기야. 장모님은 정말 대단하셔. 아내의 미래 모습이 장모님이라는데 난 자기 만난 게 행운이야.”

감사의 말은 기쁨으로, 상대가 듣기 좋은 말은 행복으로 전달됩니다. 어머니가 계신 자리에서는 더욱 그러해야 하고 안 계신 자리에서도 부부가 서로 덕담 나누듯 어머니 칭찬을 해야 합니다. 그래야 그 기운이 어머니에게 전해지고 부부 사이가 더 좋아집니다. 사랑하는 사이일수록 지킬 건 지켜야 하는데 그 가운데 하나가 양가를 서로 존중하는 것입니다. 하물며 내 아이를 맡아 주시는 어머니입니다. 지극히 감사한 일을 두고 잘잘못과 단점을 얘기하는 건 아무래도 이치에 맞지 않습니다.

아이를 맡기며 지켜야 할 것들

결혼한 자식과 부모 사이는 독립적 삶을 살아야 하지만 아이로 인해 단단히 연결될 수밖에 없습니다. 부부와 부모의 삶은 분리하되 아이라는 연결 고리를 잘 유지해야 하는, 어렵고도 조심스러운 사이입니다.

"어머니, 아이 세 돌까지만 부탁드려요. 그 다음엔 어린이집 종일 반에 맡기고 저녁 퇴근하면서 애 아빠와 제가 돌볼게요."

시어머니든 친정 엄마든 어머니에게 아이를 맡긴다면 육아 기간을 꼭 정해야 합니다. 그리고 각 가정의 형편에 따라 다르겠지만 아침 몇 시부터 저녁 몇 시까지로 육아 시간도 정하세요. 출근과 퇴근 시간을 어머니께 말씀드리고 부부가 함께 시간을 정한 후 이를 지켜야 합니다. 어머니 댁이 멀어 주 5일을 맡겨야 한다면 주말은 친정 혹은 시댁 일을 거들며 어머니의 휴식 시간을 보장해 주어야 합니다.

잊지 말아야 할 것은 어머니 댁에 맡긴 내 아이를 보러 간다는 사실입니다. 일주일 동안 아이를 봐 주신 어머니의 노고를 잊지 마세요. 그런 마음은 알게 모르게 전달됩니다.

육아 장소는 가정마다 다를 수 있습니다.

어머니가 자식들 집으로 와 손주를 봐 주는 경우가 있지요. 어머니들 표현에 의하면 '출장 육아'입니다. 출장 육아는 가사의 한계를 정하는 게 중요합니다. 어머니가 빨래며 반찬까지 해 놓기를 바라지는 않겠지요?

"반찬 해 봤자 간이 짜다 달다 쓰다 하니까 지들 먹을 거 알아서 해 먹으라고 하는 게 나아요. 우리 며느리는 싱가포르인지 홍콩인지 얘기하면서 테이크아웃 음식이 더 편하다나. 그러면서 그런 나라들은 저녁을 아예 음식점에서 사 와서 먹는대요. 우리 아들도 그게 좋다고 하고요. 지들 편할 대로 사는 거지요. 먹고 싶은 거 포장해 와서 먹으면 애 엄마도 힘들지 않고 저녁 준비에 대한 부담도 없으니 서로 좋다고 해요."

하지만 점심 때 어머니가 드실 반찬 정도는 해 놓는 것이 좋겠습니다. 어머니와 상의해 보세요.

친정이나 시댁에서 아이를 봐 줄 때에는 보통 아침에 맡겼다 저녁에 데려오거나 주말에 데려옵니다. 이런 경우에는 아이의 물건으로 어른들의 공간이 복잡하지 않도록 배려해야 합니다.

"'우리 집이 어린이집이냐'고 하시는 데 깜짝 놀랐어요. '엄마 다른 집 애들은 더 많이 사줘. 난 아무 것도 아니야. 비싼 것도 없고 장난감이든 책이든 거의 얻어온 거잖아' 대꾸했죠. 나중에 알고 보니 엄마는 아이한테 돈 쏟아붓는 딸이 딱한 데다 두 분의 공간이 거의 없어진 집이 불편하신 거였어요. 아이 생각만 했지 부모님 생각은 못했거든요. 그러고 보니 엄마네 거실이 온통 애 장난감에 책인 거예요. 죄송하기도 하고 무안하기도 하고요."

아이 입장에서 집은 놀이터지만 어른들에게 집은 휴식의 전당입니다. 손주는 예쁘지만 손주 용품으로 가득 찬 거실과 방은 스트레스입니다. 아이 물건을 구입할 때는 의논을 통해 사용 공간을 배려해 드리세요.

지혜로운 방법 하나 더! 아이 물건 두세 가지 준비할 때 부모님께도 작은 선물을 드리면 어떨까요? 아버지의 수면복, 어머니의 시앞 실내화 등 어떤 것도 좋습니다.

"애 낳더니 나는 안중에도 없어요. 지 지식 걱정만 하지 이 엄마는 아예 안 보이는지……" 하는 어머니의 푸념이 쏙 들어갈 거예요.

지인의 경우는 주말 부부입니다. 아이는 지방의 시댁에 맡기고 있습니다. 부부가 만나는 장소는 시댁. 만나는 시간은 금요일 밤. 한 주의 피곤을 달랠 새 없이 토요일 새벽에 일어납니다. 어른들의 기상이 이른데다 식사며 청소에 동참해야 하기 때문입니다. 일찍 일어나는 것이 쉽지 않은 부부는 고민 끝에 아이디어를 냈습니다. 금요일마다 둘이 번갈아 아이를 데리고 서울 집에 오는 겁니다. 주말에 늦잠도 자고 시부모님도 자유롭게 해 드리는 것이지요. 그리고 한 달에 한 번쯤은 시댁에서 만납니다. 부부는 소소한 집안일이며 밀린 대청소를 도와드리고 어른들과의 시간도 갖습니다.

"몸은 조금 고달파도 애가 환경이 바뀌지 않으니 밤에 잠도 잘 자고, 저도 어머님이 해 주시는 밥 먹으니 좋고……. 좋게 생각하니 다 좋아요. 아버님도 우리가 자주 내려오니 든든하다고 하시고요."

이렇게 각 가정의 상황에 따라 융통성 있게 대처하세요. 아이를 키우는 일은 결국 부부의 몫입니다. 할머니는 전적으로 맡아 키운다고 해도 조력자의 역할이지 부모는 아닙니다. 아이를 맡기는 기간과 시간, 육아 장소 등 부부가 의견을 모으면 현명한 방법이 나오고 갈등은 최소화됩니다. 아이를 부탁할 때 지킬 건 지켜 주세요. 그래야만 할머니는 보람을 느끼고, 부부는 마음 편히 일할 수 있고, 아이는 잘 자랍니다.

...

감사의 말은 기쁨으로, 상대가 듣기 좋은 말은 행복으로 전달됩니다.
어머니가 안 계신 자리에서도 부부가 서로 덕담 나누듯 어머니 칭찬을 해야 합니다.
그래야 그 기운이 어머니에게 전해지고 부부 사이가 더 좋아집니다.

어머니의 '구식 육아' 나의 '신식 육아'

"어느 날 우리 딸이 '엄마 선물 사왔어요' 하며 예쁘게 포장한 걸 건네는 거예요. 처음엔 속옷인가 했는데 받는 순간 묵직한 거야. 뭔 줄 알아요? 책이었어요. '엄마 요즘 뜨는 책이래. 내 친구 엄마도 그거 읽고 애 키우는데 도움 많이 받았대요' 하고 덧붙이는데 내가 표정 들키지 않으려고 엄청 애 먹었어요. 우리 딸은 엄마가 나이 먹은 걸 모르나 봐. 내가 요즘 책을 못 보거든요. 눈이 너무 아파서 신문도 못 본 지 한참 됐어요. 하기야 애 엄마가 바쁘니 얼굴 볼 새가 어디 있어. 그러니 알 턱이 없지. 책을 안 읽으면 미안하고 읽자니 눈이 빠질 듯 아프고…… 고민이네요."

어머니에게 육아서는 선물이 아니라 고문입니다

손주를 돌보는 나이가 되면 노안은 기본입니다. 노안은 책 읽기나 신문 읽기 등을 불편하게 합니다. 시력 문제가 아니더라도 집중력이 떨어져 책 읽기는 만만치 않습니다. 게다가 아이 돌보는데 책 좀 보려 하면 아이가 가만있나요.

아이 잘 때 보면 되지 않느냐고요?

그때는 우리 어머니도 좀 쉬어야지요. 어머니는 철인이 아닙니다. 활동량 많은 아이 따라다니며 뒤치다꺼리하랴 좀 바빴나요. 지친 몸을 잠시라도 뉘어야 합니다.

사실 젊디젊은 엄마들도 아이 키울 땐 웬 잠이 그렇게 쏟아지는지 모르겠다고 합니다. 아이의 생체리듬에 맞추는 것도 쉽지 않은데다 특히 영아를 키우는 시기에는 아기가 자는 시간에도 젖병 소독이며 온통 소소한 일들을 하느라 쉴 틈이 나질 않습니다. 젊은 엄마도 힘에 부치고 피곤해 잠이 쏟아지는데 나이 든 어머니는 오죽할까요.

"허둥지둥 하루가 어찌 지나는지 몰라요. 하루가 짧아. 그러다보면 애 엄마 퇴근 시간 다 되고. 그래도 어질러진 집을 보면 퇴근 후 심란할까 싶어 조금 치우는 척하다 보면 금세 저녁이에요. 그러니 책 볼 새가 어디 있겠어요."

아이를 돌보는 중에 건네받은 육아서는 며느리나 딸의 입장에서는 선물이겠지만 오히려 어머니에게는 부담이 됩니다.

책을 읽는 며느리, 딸은 어머니의 눈에도 아름다워 보입니다.
내가 책을 읽는 모습을 아이가 보고 배웁니다. 어쩌면 아이에게 동화책을 읽어 주는 것
이상의 효과를 볼 수 있습니다. 부모는 아이의 거울이거든요.

"어머니, 이거 진짜 좋은 육아서인데요. 어머니 선물이에요."

어머니께 책을 선물한 이유가 있기는 합니다. 어머니와의 육아 갈등을 현명하게 해소하는 방법으로 육아 전문가들이 좋은 육아서를 선물하라고 코치했기 때문입니다. 직접적인 요구를 하지 말고 "전문가의 얘기로는 이럴 땐 이렇게 하는 게 좋대요" 하고 알려 드리면 기분 나빠하지 않고 잘 받아들이실 거라고 했거든요.

매사 가르치려든다는 오해의 말을 듣지 않고 자연스럽게 나의 육아 방침을 어머니께 전하는 방법으로 책을 권하면 참 좋지요. 하지만 책은 읽고 생각하고 기억해야 하는 고도의 집중과 시간을 필요로 하는 어려운 작업입니다.

어느 어머니께는 취미이고 즐거움일지 몰라도 어느 어머니께는 그런 고역이 없는 일이 바로 책 읽기입니다. 공부하는 학창 시절에도 책 읽기는 만만찮은 일이었잖아요. 그런 책을 오십 후반, 육십의 부모님께 드리는 건 '들이대는' 겁니다. 읽자니 이러저러한 이유로 쉽지 않고 안 읽자니 마음이 불편합니다. 고역입니다.

'할머니 육아법'은 존중 받을 만합니다

어머니들의 구식 육아를 코칭하고 싶은가요? 아이를 두고 뭘 얘기하자니 고부간은 가깝지 않아 어렵고, 친정 엄마와 딸 사이는 친한 사이라서 작은 코칭도 노여운 마음이 들 수 있습니다.

먼저 생각해보세요.

어머니들의 육아법 중에서 맘에 안 드는 부분은 어떤 부분인가요? 맘에 드는 부분은 어떤 부분인가요?

"아기가 울 때마다 우유를 주는 어머니가 맘에 안 들어요. 수유는 규칙적이어야 하잖아요."

'감'이라는 게 있어요. 확실히 설명할 순 없지만 느낌으로 아는 것, 그것이 우리네 어머니들의 육아법입니다. 또 '움큼'이라는 말이 있습니다. '눈대중'이란 말도 있죠. 몇 테이블스푼, 몇 티스푼 정량을 재지 않아도 맛있는 음식을 만들어 내는 어머니들의 손 계량법입니다. 젊은 엄마들은 '대략'으로 보이는 이 눈대중 계량법을 따라 하기 쉽지 않습니다. 수십 번 수백 번 같은 요리를 반복해 몸에 익은 고수에게 나오는 거랄까요? 그런 어머니에게 설탕 1티스푼에 식초 1/2 테이블스푼 같은 이론만 강조하면 어머니의 손맛은 온전히 발휘되기 어렵습니다.

물론 손으로 아이 입을 닦아 주거나 밥을 씹어서 아이 입에 넣어 주는 부분까지 옹호할 생각은 없습니다. 하지만 우리가 굳이 '신 육아법'을 부모님께 요구할 만큼 육아 전문가일까요? 어머니들은 여럿 아이를 키워 낸 경험자입니다.

젊은 엄마들은 "시대가 달라졌잖아요"라고 반문하겠지요. 하지만 여전히 통하는 전통 육아법이 있습니다. 시대가 변해도 변치 않는 것은 어머니 의견을 인정하고 따라 주세요. 도저히 시대착오적이어서 꼭 바꿔야만 하는 건 어머니가 언짢지 않도록 지혜롭게 나의 현대 육아법을 적용하면 됩니다.

"양육자가 둘 이상일 땐 일관성을 지켜야 하지 않을까요? 육아엔 일관성이 중요하잖아요."

맞습니다. 하지만 어머니를 믿어 보세요. 어머니가 아이에게 해가 되는 걸 알면서도 자신의 방식만을 고수하진 않을 겁니다. 어머니와 육아 방식으로 부딪힌다면 대화가 필요합니다.

'할머니 육아법'을 인정해야 하는 이유가 또 있습니다. 육아에 정답은 없기 때문입니다. 같은 부모 밑에서 태어난 형제자매라도 각기 다르므로 아이의 성향과 재능에 따라 키우는 것이 필요합니다. 그걸 맞춤식 육아라고 부르지요. 맞춤식 육아의 필수가 바로 '아이 관찰하기'입니다.

지금 우리 아이를 가장 잘 아는 분은 누구일까요? 바로 손주를 양육하는 '할머니'입니다. 아침에 나갔다 밤에 오는 엄마가 아니라 일주일에 이틀 아이를 안아 보는 '주말 엄마'가 아니라 매일 하루 종일 아이와 눈맞춤 하는 할머니가 현재 아이의 욕구와 소망을 가장 잘 아는 분입니다. 그걸 인정할 때 아이를 잘 키울 수 있습니다.

"그래도 우리 어머니가 현대 육아법을 알고 이것저것 해 주셨으면 하는데요."

그렇다면 그 부분은 엄마인 내 몫입니다. 노안으로 책 읽기가 힘든 아이 할머니에게 육아서를 드리는 것으로 해결해서는 안됩니다.

어머니가 아니라 내가 해야 하는 일

육아서에는 어떤 내용이 들어 있던가요? '책 읽어 주기'가 좋다고 하던가요? 그럼 엄마인 내가 읽어 주세요. 육아서에 '구체적 칭찬'을 하라고 하던가요? 그럼 엄마가 구체적 칭찬을 해 주세요. 그리고 아이 할머니의 무분별한 칭찬을 비난하지 마세요. 버르장머리 없어진다는 '오냐오냐 병'은 할머니의 칭찬 때문에 생기지 않아요. 하지 말아야 할 것을 방치한 데서 생기는 거지 칭찬에서 비롯되는 것이 아닙니다.

훈육도 필요하다고 하던가요? 그것도 내가 해야 합니다. 어머니가 옆에서 훈수를 두어 못하겠다고요? 어머니 없는 곳으로 데려가서 아이 눈을 보며 가르치면 됩니다.

과도한 텔레비전 시청이 문제인가요? 엄마 아빠가 아이랑 있을 땐 텔레비전을 안 보면 됩니다. 그리고 이 부분은 어머니께 부탁드려 보세요. 꿈쩍도 안 하신다면 대화 방법이 잘못된 건 아닌지 점검하고 다시 돌아보세요. 어머니를 충분히 존중해 드린다면 이야기가 잘 될 거예요. 혹시 어머니께 너무 많이 기대하는 것에서 비롯된 불만과 갈등은 아닌지 살펴보세요. 진정 노력했는데도 갈등이 좁혀지지 않는다고 생각된다면 과감히 내가 아이를 키워야 합니다. 일부러 손주를 막 키우는 할머니는 세상 어디에도 없으니까요.

서운하고 부족한 점만 느끼는 엄마라면 스스로 마음을 돌아봐야 합니다. 서점에 들렀는데 혹은 육아 사이트를 보다가 책이 눈에 번쩍 뜨이나요? 구입하세요. 그리고 그 책은 어머니가 아니라 스스로에게 선물하는 겁니다. 책을 열어 맨 첫 장에 구입 날짜를 쓰고, 읽기 시작한 날짜도 쓰고, '○○ 엄마에게' 자신의 이름도 써 보세요.

육아서를 읽고 좋은 부모, 바람직한 부모가 되는 방법을 배워 보세요. 내 아이를 더 잘 알게 되는 기쁨을 경험할 수 있습니다.

책을 읽는 며느리, 딸은 어머니의 눈에도 아름다워 보입니다. 내가 책을 읽는 모습을 아이가 보고 배웁니다. 어쩌면 아이에게 동화책을 읽어 주는 것 이상의 효과를 볼 수 있습니다. 부모는 아이의 거울이거든요. 엄마가 멋진 역할 모델이 되어 아이의 책 읽는 습관을 키우고, 손주 육아를 하는 할머니는 딸과 며느리의 노력에 응원을 보낼 것입니다.

어머니와 나의 하모니로 잘 크는 아이

1 어머니의 육아 노하우를 적극 활용하세요

- 놀라운 경험의 힘.

  : 아이를 여럿 키워 낸 어머니의 육아 노하우를 믿으세요. 어머니의 넉넉한 여유가 아이의 정서발달에 좋습니다.

- 뭐든 아이고 잘 한다!

  : 어머니들의 '무조건 칭찬'은 아이의 자신감을 키웁니다. 전략적이고 구체적인 칭찬은 내가 하면 됩니다.

- 우리 아기 뭐 해 줄까요.

  : 어머니가 시도 때도 없이 하는 '욕구 충족시키기'는 아이의 자존감을 높입니다. 특히 영아기 아기의 욕구를 바로 만족시키면 발달에 이롭습니다. 유아기라면 부모가 아이의 욕구 절제를 위한 계획을 세우고 구체적으로 실행하세요. 반드시 조부모와 일관성이 있어야 하는 건 아닙니다.

2 나의 육아 노하우도 필요해요

- 발달 단계를 알고 그에 맞게 반응하기.

  : 구체적 칭찬 등 분별 있는 칭찬으로 아이의 동기를 유발하세요.

- YES, NO를 정확히 구분해서 반응하기.

  : 절제와 결핍 교육이 아이를 제대로 자라게 합니다.

- 육아서 읽고 우리 아이에 맞게 적용하기.

  : 공부하는 엄마가 아이를 더욱 잘 키울 수 있습니다.

어머니의 마음 읽기가
아이 키우기의 전부

"어느 날은 집에서 그냥 쉬고 싶은데 자꾸 '어머니, 오늘은 외출도 하고 그러세요' 그래요. 어떤 때는 서운해. 내쫓는 것 같아서. 지들끼리 뭐 하는데 내가 방해돼서 그러나 싶기도 하고. 육아 전문가들이 주말에 부모님들 외출 시켜라, 자유 시간 줘라, 너무 그러지 않았으면 좋겠어요. 애 엄마 있는 주말엔 방에서 종일 쉬고 싶을 때도 있죠. 해 주는 것 맛있게 먹고 낮잠 자고 싶을 때도 있고요."

"토요일 아침에 딸이 손녀와 장보러 나간다고 하면 어김없이 서운해요. 나한테도 가자고 하면 안 되나 싶어요. '엄마도 주말이니까 재밌게 노세요' 그러는데 우리 늙은이 둘이 재밌을 일이 뭐가 있겠어요. 빈말이라도 '같이 마트 가실래요?' 하면 좀 좋으련만. 도대체 주말엔 할 일 잃어 무능한 사람이 되는 것 같아요. 주말이면 온 가족이 함께 노는 재미도 좀 좋을까 싶은데. 외식도 하고 말이죠. 매주 그러자는 건 아니에요. 매번 우리만 빼놓는 것 같으니까 어떤 때는 서운해요."

·

주말은 가족과 함께,
가족에 어머니가 예외일 수 없습니다

서로의 마음을 알아주는 '마음 읽기'가 참 어렵습니다. 손주 육아를 하는 할머니와 엄마는 특히 마음 읽기가 필요합니다. 어머니가 주말에 쉴 수 있도록 배려한 것이 오히려 소외감이나 따돌림으로 느껴진다니 짚어 볼 일입니다.

주말은 가족과 함께하는 것이 보편화된 요즘입니다. '가족과 함께'에 어머니도 예외일 수 없습니다. 며느리와 딸 딴엔 젊은 사람도 어렵다는 육아를 하시느라 고생이 많은 어머니를 배려해 주말엔 바람도 쏘이고 외출도 하라고 권합니다. 하지만 의외로 어머니들은 이런 제안이 서운하다는 의견이 많았습니다.

더욱이 홀로 계신 어머니가 친구가 많거나 바깥 활동을 즐기는 분이 아니라면 아이만큼이나 온 가족이 모이는 주말을 기다릴 수 있습니다.

"세 살짜리 손녀가 말을 제법 합니다만 아이하고 하는 말이 뻔해요. 인형 쥐고 아기도 됐다 엄마도 됐다 하면서 노는 거죠. 아이도 나랑 인형 놀이 하는 걸 좋아하니 보람도 있고요. 애 엄마는 어쩜 그렇게 아이하고 잘 놀아 주냐고 하는데 사실 내가 하고 싶은 말 읊조리는 거랍니다. 원래 바깥 활동도 안 좋아하고 집에서 지내는 걸 좋아했지만 요샌 부쩍 외로워요. 애들 오는 주말만 기다려지고요. 근데 애들은 '어머니는 좀 쉬세요' 하고 지들끼리 나가 버려요. 그러면 난 대청소하고 이것저것 소소한 일들이나 하게 되고. 와락 외로워진다니까요."

무엇을 원하는지, 무엇을 하고 싶은지 어머니께 먼저 여쭤 보면 어떨까요? 주말에 외출하라는 것도 집에서 편히 쉬시라며 자리를 피하는 것도 단지 우리의 생각에서 나온 일방적 배려는 아니었을까요?

주말을 활용해 아이와 함께 놀이 계획을 짜는 것은 참 좋습니다. 박물관도 가고, 가족 여행도 가고, 서점도 가고, 때로 집에서 뒹굴며 여유롭게 지내는 것 모두 즐거운 일입니다. 그 그림에 어머니도 넣어 주세요. 물론 선택권은 어머니께 드려야겠지요. 어머니에게 휴식 시간을 드릴 때 소외감을 느끼지 않도록 신경 써 주세요.

혹시 가족이 모두 외출 준비한 후 "엄마도 가실래요?"라고 묻는 건 아니겠지요? 그건 정말 빈말이 확실하거든요. 전날 계획을 알려 드리거나 최소 두 시간 전에는 알려야 어머니도 준비할 시간이 있습니다.

배려는 마음을 헤아리는 것

장보기가 유일한 즐거움이었는데……

며느리나 딸이 일주일 치 장을 꼼꼼하게 봐 오는 걸 좋아하는 어머니가 있는가 하면 바람 쐴 겸 동네 슈퍼에 가는 재미로 하루가 즐거운 어머니도 있습니다. 장보기가 기쁨인 어머니지요.

"애 자는 동안 장 보시는 거 생각하면 불안해서요. 어머니도 번거로우실 테고요" 하는 젊은 엄마의 맘도 이해하지만 "내가 돈 쓰는 재미가 뭐 있겠어요? 하루 몇천 원, 몇만 원 장 보는 게 얼마나 즐거운데요. 스트레스가 풀려요" 하는 어머니들의 맘도 헤아려 주세요. 물론 애 보는 것도 힘들어 장보는 게 귀찮고 싫은 분도 있을 겁니다.

우리 어머니는 어떤 분인가요? 퇴근 무렵이면 두부 사 와라, 세제 떨어졌다 하시는 분이라면 어머니 대신 미리 꼼꼼하게 장을 보는 게 좋습니다. 그렇지만 냉장고에 어머니가 사다 놓은 식재료들이 자주 눈에 띈다면 어머니가 장 볼거리를 남겨 두세요.

내 아이를 돌봐 주시는 소중한 우리 어머니의 마음을 헤아리는 것은 내 아이의 마음을 헤아리는 것만큼 중요합니다.

손주에게 동화책 멋지게 읽어 주는 할머니이고 싶었는데……

엄마가 동화책을 읽어 주는 것은 정말 좋지요. 그런데 동화 구연 과정까지 공부한 할머니가 읽어 주는데, 이것조차 완벽을 요구했다는 엄마 이야기를 들었습니다.

"친정 엄마가 동화 구연 과정을 공부했는데 주인공의 성대모사를 엉터리로 하면서 읽어 주시는 거예요. 책이라는 게 일단 글씨를 죽 읽어야 하는데 엄마가 눈이 안 좋으니까 약간 더듬거리며 읽으시더라고요. 그런데다 성대모사까지 하려니 이건 책을 읽어 주는 것도 아니고 동화 구연도 아니고 엉망인 거예요. 그래서 제가 '엄마, 책은 내가 읽어 줄 거니까 그냥 애하고 놀아나 주셔' 그랬더니 서운해 하시더라고요."

저는 손주 육아하는 할머니들께 "동화 구연 안 배워도 됩니다. 그냥 또박또박 읽어 주셔도 아이들이 좋아해요" 하고 말씀 드립니다. 하지만 내 어머니가 손주 잘 키워 보겠다고 동화 구연 과정까지 했다면 실력을 발휘하도록 기회를 빼앗지 마세요. 게다가 '할머니가 천천히 읽어주는 책 읽기'는 5세 미만의 아이들에게 더 잘 전달됩니다.

물론 구연동화의 본질은 책을 읽어 주는 게 아닙니다. 동화를 외워 '입으로 들려주는 것'이지요. 그러나 어머니들의 최선은 책을 보면서 읽어 주는 것입니다. 외우지 못한 채 성대모사까지 하려니 서툴게 보이는 것이 당연합니다. 안 좋은 눈이 더 나빠질까 걱정도 됩니다. 하지만 더 재밌게 읽어 주려는 어머니의 노력을 칭찬하는 건 어떨까요?

동화는 내가 읽어줄 테니 그냥 애하고 놀아 주라는 것도 어머니께는 이래라저래라 하는 것이 됩니다. 어려워 보이는 일이라도 어머니가 적극적으로 나선다면 격려하는 것이 좋습니다.

…

무엇을 원하는지, 무엇을 하고 싶은지 어머니께 먼저 여쭤 보면 어떨까요?
주말에 외출하라는 것도 집에서 편히 쉬시라며 자리를 피하는 것도
단지 우리의 생각에서 나온 일방적 배려는 아니었을까요?

어머니의 마음 읽기를 시작하세요

아이를 관찰하며 키워야 잘 키운다고 하죠. 이건 비단 아이에게만 해당되는 것이 아닙니다. 우리 어머니의 기질과 성격을 잘 살펴보세요. 바깥 활동을 좋아하는 어머니, 모임만 나가면 총무든 회장이든 꼭 감투를 써야 직성이 풀리는 어머니, 남과의 대화에서 주도권을 잡아야 되는 어머니, 반면에 나이가 들수록 어울리기를 좋아하는데 여전히 조용하고, 말하기보다 듣기를 좋아하는 어머니도 있습니다. 앞에 나서기보다 따라가는 어머니, 모임보다 혼자 조용히 취미 생활을 즐기는 어머니, 바깥에 있기보다 집안에서 평화로움을 즐기는 어머니.

우리 어머니는 어떤 분인가요? 말이 서투른 아이도 무슨 생각을 하는지 무슨 말을 하려는지 주의 깊게 들어 줍니다. 어머니에게는 내 생각대로 말하면서 그것을 '배려'라고 한 건 아닌지 돌아보세요.

나는 어머니의 기질과 성격을 잘 헤아리는지, 나는 어머니의 소망을 잘 살피는 사람인지, 어머니의 할 일과 내 일을 구분하는 바람에 도리어 서운해 하신 일은 없는지 두루두루 살피세요.

어머니는 평생 나를 지켜보며 관찰하며 내게 맞추며 살아온 분입니다. 지금은 나의 아이, 손주를 그렇게 살피며 키우고 있습니다. 그런 어머니께 온 정성을 다하는 건 당연합니다.

어머니와 내가 함께 키우는 아이

매일 아침마다 출근 전쟁입니다. "엄마 가면 난 어떡해, 난 엄마 없으면 못 살아. 엄마 안 돼. 가지마" 하는 세 돌 된 아이는 나이답지 않게 말 표현도 지극합니다.

"지윤아, 할머니랑 놀다가 이따가 어린이집에 갔다 오면 엄마 금방 올 거야. 엄마랑 약속!"

"아냐. 그건 거짓말이야. 엄마는 금방 안 와. 거짓말이야. 어린이집 안 가. 재미없어."

"그럼 어린이집 가지 말고 할머니랑 놀아."

"할머니는 재미없어. 나 혼내. 나 때려."

이 때 옆에서 며느리의 출근을 기다리던 시어머니가 한 마디 거듭니다.

"얼른 가라. 어차피 출근할 거면 얼른 가. 매일 아침 이게 뭐냐. 지윤이는 얼른 할머니랑 들어가 밥 먹자."

"어머니, 조금 놔두세요."

엄마 말이 끝나기가 무섭게 손녀 지윤이가 할머니의 마음을 콕 아프게 합니다.

"할머니가 없었으면 좋겠어. 할머니 가요."

이런 일이 오늘이 처음은 아닙니다.

"너, 그런 말 하면 못쓴다고 했지. 이리와 엄마가 안아 줄게. 우리 지윤이 착하지요. 엄마가 돈 많이 벌어 와서 지윤이 맛있는 거 많이 사 줄게요."

"모르겠다. 너 늦을까봐 그랬는데 알아서들 해라."

시어머니는 속이 상해 주방으로 가고 엄마는 아이를 안고 달랩니다. 비슷비슷한 상황이 자주 반복되면서 시어머니는 이제 지칩니다. 손녀 지윤이가 제법 말을 하면서 할머니에 대한 부정적인 표현이 늘어 났습니다. 얼마 전까지는 엄마보다 할머니만 찾던 아이였는데 올해 부쩍 할머니를 거부합니다.

할머니와 엄마 사이에서 눈치꾸러기가 되는 아이

여섯 살 민지와 수아가 서로의 역할을 정해 '방 정리 놀이'를 하고 있습니다.

"엄마가 하라면 해야지."

“우리 엄마는 그렇게 안 해. 좀 더 소리를 크게 해야 해. '너! 왜 그래! 어?' 우리 엄마는 이렇게 한단 말이야.”

“…….”

아이들의 역할놀이를 지켜보면 다양한 부모의 모습이 보입니다. 여섯 살 반 여아들은 언어 표현도 제법이어서 역할놀이에서 어투까지 완벽하게 재연하기도 합니다. '정말 아이의 부모가 저럴까?' 생각이 들 정도니까요. 아이들의 역할놀이는 대본이 없는 채 진행되며 무의식에 저장된 경험이 말이 되어 저절로 나옵니다. 평소 보았던 부모의 태도든 옆집 아줌마의 말과 행동을 본 것이든 드라마에서 본 것이든, 아이들은 보고 듣고 습득한 것을 재미있는 역할놀이로 표현합니다.

아이들은 역할 놀이에서 다정한 모습보다는 소리 지르는 부모, 불합리한 면을 보이는 부모, 싸우는 부모, 이상한 말을 쓰는 부모 등을 표현합니다. 하필 어쩌다 한 번 보인 그 모습이 아이에게 강한 인상을 남겨서일까요? 아니면 자주 그런 모습을 보여서일까요?

부모는 아이의 거울입니다. 아이는 엄마를 통해 주위 사람들의 모습을 보면서 자신을 확인합니다. 엄마가 부드럽고 환한 표정으로 자신을 대하고 말하면 아이는 자신이 받아들여지고 있다고 느끼고 자존감이 높아집니다. 부모가 냉정한 말투와 비꼬는 말투 그리고 표정을 일그러뜨리며 화를 내면 자신의 존재감을 부정당했다고 느낍니다. 이것이 거울효과 mirroring effect 입니다.

단지 언성이 좀 높은 대화일지라도 할머니와 엄마가 자신을 사이에 놓고 다투면 아이는 자신 때문이라고 죄책감을 느끼며 몸과 마음이 위축됩니다.

순식간에 양쪽의 눈치를 살피며 힘의 논리를 측정하는 우리 아이, 바로 비굴한 눈치꾸러기의 전조입니다. 엄마와 할머니는 아이를 위해서 한 일이라고 하지만 받아들이는 아이는 다릅니다. 어른들이 자신을 두고 큰소리를 내거나 다른 주장을 하면 결국 이 눈치 저 눈치 보라고 부추기는 일이 되고 맙니다.

•

할머니의 큰소리, 엄마의 큰소리

앞에서 소개한 지윤이의 상황은 직장맘의 집에서는 흔한 일입니다. 엄마는 달래고 할머니가 때로 큰소리로 손주를 혼내는 일도 발생하지요.

"어머니. 가만 좀 계세요. 이럴 땐 모르는 척하는 게 도와주시는 거예요."

현관에서 출근이 늦어지니 얼른 가라는 아이 할머니의 말에 엄마가 큰소리를 치는 경우지요. 가뜩이나 아이가 징징거리면서 엄마 품에 파고드는데 할머니 싫다며 거부하는 것이 못마땅한 나머지 엄마도 화가 치밀어 오른 것입니다.

그럴수록 아이는 엄마에게 더 달라붙습니다. 역시 엄마는 자기편

...

부모는 아이의 거울입니다. 아이는 엄마를 통해 주위 사람들의 모습을 보면서
자신을 확인합니다. 엄마가 부드럽고 환한 표정으로 자신을 대하고 말하면
아이는 자신이 받아들여지고 있다고 느끼고 자존감이 높아집니다.

이거든요. 이때 할머니가 엄마 말대로 가만있는 게 도와주는 걸까요? 아이 앞에서든, 남편 앞에서든, 어쩔 수 없어 맡겼든, 믿을 만해서 맡겼든 손주 양육을 하는 당사자인 할머니를 존중해야 합니다.

할머니의 큰소리가 맘에 안 들어도 대립하면 결국 아이에게 좋지 않은 영향을 미치고 출근 전쟁 시간이 길어질 뿐입니다. 일보 양보는 백보 전진임을 떠올리고 "그래. 할머니 말씀대로 하자. 엄마 다녀올게" 할 수 있어야 합니다. 이때 서로 탓하거나 큰소리를 내면 아이는 '엄마와 할머니가 싸운다'는 생각으로 불안합니다.

출근 시간에 아이가 떼를 멈추지 않아 곤란한 상황이라면 우선 어머니의 판단에 따르는 것이 현명합니다. 현재 아이의 육아를 담당하는 어머니의 판단이 나보다 더 정확하다고 믿고 따라야 합니다.

엄마가 출근한 뒤 아이는 남아 할머니와 지내야 하는 것을 잊지 마세요. 아이와 할머니의 마음이 모두 좋아야 둘이 잘 지냅니다.

'기대나 관심을 가지면 상대방은 기대에 부응하는 행동을 하면서 능률이 오르고 결과가 좋아진다'는 '로젠탈 효과'를 믿고 우리 어머니에게 적용해 보세요. '보이는 대로 대접하면 그보다 못한 사람이 되지만 잠재력대로 대접하면 그보다 큰 사람이 된다'는 괴테의 말도 의미심장합니다.

양육자가 자부심을 갖고 아이를 잘 키울 수 있도록 우리 어머니에게 관심을 갖고 제대로 대접해 주세요. 내 아이에게 보일 정성과 사랑을 어머니에게도 드리면 어머니가 행복하고 아이가 행복합니다.

어머니와 내가 팀워크를 이뤄야 아이가 잘 자랍니다

"어머, 할머니가 그랬어요? 엄마가 할머니께 부탁을 드려야겠다. 우리 지윤이 더 많이 사랑하시라고."

"아냐. 엄마. 그게 아니고. 할머니가 나 사랑해."

"그렇구나. '그럼 할머니 저 많이 사랑해 주셔서 고맙습니다' 해 보자."

이런 팀워크가 일어나야 합니다. 물론 이런 말들이 오가려면 어머니와 사전에 서로 말이 통하는 사이여야 합니다.

"어머니, 요즘 우리 지윤이가 자꾸 저만 찾고 어머니 앞에서 '할머니 미워, 할머니 때문이야' 하고 핑계를 대니까 속상하시죠? 요맘때가 그런 시기라니 너무 속상해 하지 마세요. 제가 죄송해요. 어머니, 아직 지윤이가 어리니까 애 앞에서는 애 마음 먼저 달랠 테니 어머니가 이해해 주세요."

일단 어머니께 양해를 구하며 차근차근 '엄마와 할머니의 팀워크'를 계획하고 이루어 나가는 것이 중요합니다. 엄마와 할머니가 사이가 좋고 서로 존중하는 걸 느끼면서 크는 아이가 잘 자랍니다.

육아 비교는 엄마와 나 모두를 불행하게 합니다

"내가 손볼 새도 없어. 엄마가 얼마나 살뜰히 챙기는지. 나 대신 최신 교육 경향은 어떤지, 학원은 어디가 좋은지, 학습지 브랜드까지 두루 파악하고 있다니까."

"내가 아이를 갖자마자 육아서를 여섯 권이나 산 뒤 거실에 일렬로 놓더니 일주일에 한 권씩 독파하시더라고. 아이 두 돌부터 영어 비디오를 보고 힘께 율동하며 공부를 하시는데 난 우리 엄마가 그렇게 아이처럼 좋아할 줄 몰랐다니까. 애랑 같이 성장 발전할 거래. 아이보는 일이 자기 계발이라나. 애 맡긴 거 미안해하지 말고 오히려 내 생활을 즐기래. 울 엄만 천상 손주 바보라니까."

"그래서 낳긴 낳아야겠는데……."

훈남 남편에 경제적으로 넉넉한 친구의 시댁. 집이 작으면 아이 키우기 복작인다며 큰 집을 사 주시더니 이제는 시어른들이 잘 키워 줄 테니 손주만 낳아 달라고 하신다나요. 친구의 은근한 자랑을 듣자니 내 처지와 비교돼 서글퍼집니다.

．

내 부모의 양육법이 최고라는 믿음을 가지세요

"방송을 보시면서 '와~ 손주 육아를 저렇게 멋지게 하시는구나' 생각하시는 분들 많을 텐데요. 지금 출연하신 분들은 육아를 전문가 못지않게 하셔서 방송에 출연하신 거예요. 너무 부러워하지 마세요."

조부모 육아 전문가로 TV 프로그램 〈아침마당〉에 출연했을 때 제가 한 말이었습니다.

손주가 태어난 날부터 일기를 쓴 할아버지, 손주 키우기에 올인한 경찰 출신 할아버지 등 출연자들은 부모보다 손주를 잘 키우기로 유명한 할아버지들입니다. 아이를 맡기는 부모라면 '어머, 대단하다' 감탄하며 시청했을 겁니다. 내심 '저 분들은 손주를 특별하게 키우는데, 우리 어머니는……', '우리 어머니는 육아 일기는커녕 애하고 싸우기나 하시니' 했던 분들도 있었다고 합니다.

그럼 우리 어머니는 손주 육아를 엉터리로 하는 걸까요. 아닙니다. 자연스럽게 잘하고 있습니다. 안전하게 봐 주고, 때때로 사위 좋아하는 특별식도 만들며 살림도 해 주십니다. 육아서대로 따라 하느라 아이가 고달프지 않고, 지나친 기대로 아이를 닦달하지 않으니 아이가 편안하게 자랍니다. 그래도 뭔가 부족하다 느껴지나요?

어머니가 주변 유아교육기관을 알아보지 않는다면 내가 알아보면 됩니다. 어머니가 아이와 영어 비디오를 함께 보지 않는다고 큰일 나나요? 교육 목적으로 영어 비디오 시청이 필요하다면 어머니께 "이거 하루에 30분씩 보여 주시겠어요?" 하고 부탁하면 됩니다.

●

믿고 맡길 수 있는 부모가 있어서 감사합니다

'열 가지 가지면 열 가지 근심이 있다'는 말이 있습니다. 열 가지 가진 그 집 조건을 우리 집 조건과 비교하면 열 가지 이상의 슬픔으로 지레 지칩니다. 내가 처한 상황이 보잘것없고 우울해지기까지 하지요. 의욕도 떨어집니다. 자신감도 상실하니 얼마나 손해인가요.

많은 육아 잡지와 방송에서 슈퍼맘과 슈퍼 대디, 심지어 슈퍼 조부모들의 이야기를 다뤄 우리의 눈길을 사로잡습니다. 한참 보고 한참 읽다 내 주변을 보면 왜 이리 초라해 보이는 걸까요? 잡지 속 그들은 모녀간도, 고부간도 어쩜 그리 젊고 세련되고 멋질까요.

내 아이를 보는 친정 엄마와 시어머니가 지금보다 더 잘하셨으면 좋겠나요? 그럼, 단점부터 말하지 말고 어머니의 좋은 점을 이야기하고 감사해 보세요. 사소한 일 하나하나 지나치지 말고 떠올리세요.

'열 가지 가지면 열 가지 근심이 있다'는 말이 있습니다. 열 가지 가진 그 집 조건을
우리 집 조건과 비교하면 열 가지 이상의 슬픔으로 지레 지칩니다. 내가 처한 상황이 보잘것없고
우울해지기까지 하지요. 의욕도 떨어집니다. 자신감도 상실하니 얼마나 손해인가요.

감사할 일 찾고, 자랑할 일 찾으면 많습니다. 손주 밥 먹이고 행주로 입 쓱 닦아 주지 않으니 감사하고, 이른 출근 시간 맞춰서 새벽부터 맡아 주시니 감사하고, 구식 육아일지언정 애 둘 키운 솜씨가 어디 가나요. 눈에 넣어도 안 아플 손주라 물고 빨고 예뻐하시니 든든하잖아요. 그럼 됐지요. 가까이 손 뻗으면 닿을 수 있는 곳에 계신 나의 친정어머니, 시어머니. 감사하고 또 감사합니다.

감사할 일이 어디 아이를 잘 돌봐 주시는 것 뿐일까요.

최신 육아책 건네며 "넌 젊은 애가 이런 것도 안 보냐"며 구박 안 하셔서 감사합니다. "애, 저 집 며느리는 한의사라 시어머니한테 철철이 최고의 보약 지어 준다더라. 그 집 며느리는 시어머니를 1박 2일 입원시켜서 수백만 원하는 럭셔리 건강검진 해 준단다. 며느리 복도 많지" 하며 남의 잘난 며느리와 비교하며 기죽이지 않아 감사합니다.

"애, 저것 좀 봐라. 딸이 출세하니 엄마도 유명해진 거 봐라. 애 보는 거 감사하다고 겨울엔 남미 여행 시켜 준단다. 그거 이천만 원도 넘게 든다는데 딸자식 잘 두면 비행기 탄다더니 딱 저 집 얘기구나" 이런 푸념 대신 몇 푼 안 되는 용돈 받으실 때마다 "내가 뭘 해준 게 있다고……. 너나 쓰지" 하며 제 손 어루만져 주시는 어머니, 고맙습니다. 오늘부터는 비교의 말 대신 따뜻한 마음을 전해 보세요.

"엄마, 그냥 그대로의 엄마가 참 좋아요."
"어머니, 부족하지만 잘할게요. 고맙습니다. 정말 고맙습니다."

양육비,
얼마면 될까요?

"손주 봐 주면서 어떻게 돈을 받아? 그거, 못 받아. 지들도 벌어서 먹고 살려고 나한테 애 맡기고 고생하는데."

"안 받아요. 그 돈이 다 그 돈이야. 결국 부모가 못 해 줘서 애들이 고생하는 거 아니겠어요. 집 사 주고 넉넉히 해 줬으면 며느리가 그 고생할 리도 없고요. 미안해서 손주 봐 준다고 생색도 못 내. 용돈을 안 받아도 받았으려니 해요. 지금은 애들이 줘도 그냥 안 받아요. 차라리 나중에 지들 살 만하고 애 안 봐 줄 때면 몰라도."

"우리 집 식탁엔 며칠째 하얀 봉투가 그대로 있어. 며느리가 준 건데 차마 받을 수가 있어야지. 안 받는다고 했더니 그냥 놓고 들어가 버리는 거야. 그거 받고 애라도 잘 못 보면 할 말도 못해. 몇 십만 원 안 받고 속 편하게 애 보는 게 나아. 그게 속 편해요"

•

때 맞춰!
이체로!
부끄럽지 않은 액수로!

손주를 돌봐 주는 조부모들이 모인 공개 토론 자리에서 '용돈' 혹은 '양육비'에 관한 속내를 나누었습니다. 객석에서 자발적으로 무대로 나와 마이크를 잡은 할머니들은 한결같이 '어떻게 양육비를 받느냐'고 했습니다. 다섯에 한 분 정도는 '왜 안 받느냐, 떳떳이 받아야 한다'고 했지만 대부분의 할머니들은 '못 받고', '안 받고'였습니다. 그런데 지면으로 한 설문조사를 통해 조부모님들의 속마음을 알 수 있었습니다. '얼마를 받았으면 좋겠냐'는 질문에는 '많을수록 좋다'가 많았고 '70만 원 이상이었으면 좋겠다'는 답이 압도적이었습니다.

"그 돈 받아도 손주한테 나 들어가요. 손주 유치원이라도 다니면 사 딜라는 것도 많고요. 애 장난감이라도 사 주고 나면 남는 것도 없어요."
"솔직히 인 줘서 못 받는 것과 줬지만 안 받는 건 천지 차이지. 그렇지 않겠어요? 부모도 맘이라는 게 있잖아. 아무리 자식이라도 너무 깍쟁이 같으면 서운하지요.”

“그럼요. 나는 외손녀를 맡아 키우는데 사위가 챙겨 주면 더 좋더라고. 처음엔 딸이 주기에 안 받았는데 사위가 ‘어머니 이거 너무 적은데요. 제 맘은 더 많이 드리고 싶은 거 아시죠?’ 하며 손에 쓱 집어 주는데 그 손이 얼마나 따뜻한지⋯⋯. 감동이더라니까.”

“솔직히 봉투로 주면 덥석 받기가 좀 그렇긴 해요. 그래서 우리 집도 며칠 동안 돈 봉투가 식탁에 그대로 놓여 있었어요. 애들 할아버지가 ‘참, 줘도 못쓰나’ 우스갯소리 하면서 쓰윽 내 가방에 넣는다니까. 방송에서 알려준 것 처럼 통장으로 이체해 주면 깔끔해요.”

그러자 여기저기서 이구동성으로 말합니다.

“그렇죠? 이체가 좀 정감은 없어도 서로 편하기는 해요.”

용돈 안 받겠다고 발표를 하신 할머니도 동참을 합니다.

“근데 그게 참 그래요. 우리가 돈을 안 받는 건 애 맡기고 돈 버는 게 딱하고 안쓰러워서 거절한 거거든요. 솔직한 마음이야 부모에게 용돈 주는 자식을 누가 마다하겠어요? 손주 봐 주고 그 대가로 용돈 받는 거 같아서 안 받는 거지. 오히려 손주 안 보면 용돈 좀 달라고 하고 싶다니까.”

다른 할머니들도 동감, 또 동감합니다.

토론을 시작하던 때와는 사뭇 다릅니다. 안 받겠다는 것이 아니라 ‘어떻게 받는 게 좋을까’로 방향이 완전히 바뀌었습니다. 겉마음은 ‘자식 돈이 아깝다. 애 맡기고 지들도 벌어서 먹고 살겠다고 고생하는데 어떻게 부모가 돼 가지고 돈을 받느냐'지만, 속마음은 '그래도 안 주는 건 서운하다. 주는데 사양하는 것과 아예 챙기지도 않는 건 다르다'입니다.

용돈이나 양육비 명목이지만 부모님은 자녀로부터 무언가를 받으면 기뻐하십니다. 부모님을 생각하는 마음, 즉 '존중'으로 전해지기 때문입니다.

"솔직히 용돈 받아서 기분 나쁜 사람이 어디 있겠어요. 다만 자식이 안쓰러워서 그렇지. 애들이 주는 용돈이 그냥 돈인가. 나를 많이 생각하는구나 싶지. 눈물나게 고맙지. 그 고마움이 결국 손주들한테 돌아가는 거고. 모두 다 좋은 거지요."

토론 중 말씀을 안 하는 할아버지가 세 분 계셨습니다. 말을 건넸디니 툭 하는 말씀이 "그걸 왜 안 받아. 안 받는 게 바보지. 받아서 잘 쓰면 되고 서로 고맙게 생각하면 되지. 뭐 그렇게 복잡하게 생각해."

아무래도 할아버지들은 좀 더 심플하게 생각하셨습니다. 하지만 할머니들은 처한 상황에 따라 생각이 많았습니다. 할머니들은 적당

한 양육비가 얼마인지도 고민의 대상입니다. 우리 젊은 엄마들이 명쾌하게 해소해 드리면 어떨까요?

●

봉사와 노동 사이에서 헤매지 마세요

인터넷 육아 관련 커뮤니티를 살펴보면 어머니에게 드리는 양육비 수준은 50만 원에서 많으면 80만 원 정도입니다. 월 100만 원 이상 받는 베이비시터에 비하면 적은 편이지요. 어머니에게 아이를 맡기면서 경제적인 효과까지 생각하는 입장에서는 타인에게 맡기는 것보다 적은 비용을 드리는 게 당연하다 생각할 수 있습니다. 하지만 혈연으로 맺어진 손주 육아에서는 '적정한 양육비 산정'이 꼭 필요합니다. 계산이 두루뭉술하면 불만이 생기고, 불만이 켜켜이 쌓이면 갈등이 커집니다. 계산에는 정확함이 필요합니다.

입사할 때 연봉을 계산하지 않거나 무임금으로 열심히 일만 하겠다고 말하는 사람은 없습니다. 아르바이트를 해도 시급을 계산합니다. 최저임금이 근로자를 보호합니다. 요약하면 '돈 보장은 권익 보호'입니다.

우리 어머니 세대는 드러내 놓고 돈 얘기를 나누면 불편해 하십니다. 불편한 마음이 들지 않도록 대화에도 요령이 필요하지요.

아이를 맡기기 전에 어머니와 몇 번 정도 미팅 시간을 가져야 합니다. 이때를 잘 활용해야 아이를 맡기면서 발생하는 갈등을 최소화

할 수 있습니다. 어느 정도의 용돈을 원하는지 어머니의 속내를 눈치 채는 지혜도 갈등을 줄이는 한 방법입니다.

"엄마, 아이 봐 주신다고 하셔서 감사드려요. 얼마 드리면 될까요?" 하고 의견을 여쭤 보세요. 걱정 마세요. 어머니는 절대 무리한 요구를 하지 않습니다. 자녀의 형편을 누구보다 잘 아는 분이 바로 어머니시니까요. 극구 사양하시면 생각했던 액수를 말씀드려도 좋습니다.

"엄마, 맘은요. 정말 내 월급을 통째로 다 드려도 부족한데…….
엄마, 한 달에 ○○만 원 드릴게요. 매달 25일에 자동이체해 드리려고요. 25일이 내 월급날이잖아. 그러니까 딸 월급날 엄마도 월급 받으시는 거죠."

시어머니의 경우에는 더 미안해할 수도 있어요.

"'아들 장가갈 때 더 많은 걸 장만해 주지 못해서', '아들 집을 못 마련해 줘서 며느리가 같이 벌어 사느라고……', 그러니 참 미안하지."

며느리들이 서운해 하는 '시월드' 속 시어머니와는 다르게 직장맘 며느리에 대한 미안함을 갖고 있는 시어머니들이 의외로 많아요.

또한 놓치지 말아야 할 것이 있습니다. 줘도 그만 안줘도 그만인 양육비가 아니라 '생계형 양육비'도 있습니다. 손주를 봐 주고 받는 양육비로 생활하는 부모님들도 많습니다. 반드시 챙겨 드려야 합니다. 인정이 아니라 당연한 것입니다. '무임금 노동은 없다'고 생각하세요.

양육비 드릴 때는 아이가 없는 곳에서

"할머니, 이거 사 줘."

할머니는 가게 앞을 지날 때마다 먹을 거 사 달라는 손주 때문에 애를 먹습니다. 아이 엄마가 군것질 시키지 말라고 해서 "할머니 돈 없어" 하고 손주한테 핑계를 댔더니 "돈 있잖아. 어제 우리 엄마가 돈 많이 줬잖아. 나도 다 봤어" 하더랍니다. 아무리 아이가 생각 없이 한 말이라지만 그 말을 듣는데 가슴이 철렁하고 공연히 얼굴이 화끈했다고 합니다. 과자 한 봉지 때문에 손주한테 인심 잃고 "우리 엄마한테 돈 받잖아"라는 말까지 들으니 어찌 할 바를 모르시겠다고요.

손주가 말을 안 들어서 "자꾸 말 안들으면 할머니가 너 안 봐 줄 거야" 했더니 "그럼 할머니 돈 못 벌잖아. 우리 엄마가 나 봐 준다고 할머니한테 돈 주잖아" 하고 대답하는 아이의 모습을 특이한 에피소드로 여겨야 할까요?

아이들은 어른이 미처 생각하지 못한 것들까지 보고 습득합니다. 아이 앞에서 양육비를 드리지 마세요. 어린 손주는 엄마가 할머니에게 돈을 줬으니 장난감이 갖고 싶거나 간식이 먹고 싶을 때, '엄마가 준 돈'으로 사 달라고 떼를 씁니다.

평소 부모가 과자를 사 주지 않는 아이라면 더 심하게 보챕니다.

할머니가 돈 받는 걸 본 이상 아이에게 '돈 없다'는 말은 통하지 않습니다.

선물이나 편지, 꽃다발 등은 손주가 있는 자리에서 근사하게 드리는 것이 좋습니다. 하지만 돈 봉투는 아직 아이의 눈에는 왜곡될 수 있습니다.

•

액수에 마음도 담으세요

양육비에 마음을 담는 것이 액수보다 중요합니다. 더 많이 드리고 싶은 마음, 아이 맡아 주셔서 한없이 감사한 마음, 진심으로 감사와 존경을 표하는 마음을 담아 액수를 정하면 몇십만 원도 천금 같은 가치로 전달될 것입니다.

"엄마, 감사합니다. 더 많이 드리고 싶은데 지금은 제 마음만 커요. 늘 고맙습니다."

"우리 딸은 내 월급날 꼭 뭐라도 챙겨요. 어떤 때는 손수건, 어떤 때는 등산 장갑을 주는데 얼마나 예쁜지 몰라."

월급날에 며느리로부터 예쁜 속옷을 선물 받았는데 평생 잊히지 않을 것 같다고 얘기하시던 어느 어머니의 얼굴이 오래 기억될 것 같습니다.

양육비를 드리는 현명한 방법

1 양육비(용돈)는 정기적인 날짜에 드리세요

선심성 용돈이 아니라 월급의 개념으로 챙겨 드리세요.

2 어떤 방법이 좋은지 의논하세요

만약 어머니가 은행 이용에 불편을 느낀다면 봉투에 드리세요. 그렇지 않다면 이체가 좋습니다.

3 양육비를 드리는 날, 작은 선물을 준비하세요

월급날을 알리는 축하 의식입니다. 어머니가 좋아하는 특별식을 준비하는 것도 좋고 외식을 하는 것도 좋습니다.

4 양육비는 온전히 어머니 스스로를 위해 쓰시도록 하세요

아이에게 들어가는 비용은 별도의 영수증 통을 마련해 어머니가 돈을 쓰지 않도록 배려하세요.

5 돈 아끼려고 어머니께 맡기는 것이 아니에요

어머니께 들어가는 모든 비용을 아까워하지 마세요. 아이를 맡기지 않았어도 부모 봉양은 아름다운 모습입니다. 더욱이 내 아이를 맡아 주시는 부모님입니다.

부모를 공경하면
내 아이는 저절로
잘 큽니다

欲其觀古人之先意承顔 怡聲下氣

욕 기 관 고 인 지 선 의 승 안 이 성 하 기

不憚劬勞 以致甘軟

불 탄 구 로 이 치 감 연

'부모의 뜻을 먼저 파악하고 안색을 살피고, 목소리를 부드럽게 하고 기운을 낮추며, 힘들고 수고로움을 싫어하지 않고 맛있고 연한 음식을 만들어 올려라.'
중국 남북조시대에 안지추가 저술한 가훈서, 《안씨가훈 顔氏家訓》에 나오는 말입니다. 현대에 와서 해석해도 자식된 도리로 할 수 있는 이만한 부모 봉양은 없을 듯합니다.

부모 봉양의 모범을 보이세요

인성과 사회성이 강조되는 시대입니다. 인성의 기초는 가정에서 형성됩니다. 할머니가 손주 육아를 하는 경우에 가장 큰 장점은 '아이의 인성이 바르게 자란다'는 점입니다. 실제로는 할머니가 손주의 인성을 가르친다기보다 엄마가 할머니를 대하는 태도를 보며 배운다는 말이 맞습니다. 아이는 어른의 행동과 태도, 말을 보고 들으며 가장 잘 배우니까요. 엄마가 할머니를 대하는 모습이 아이에게 본보기가 됩니다.

예절 보이기의 본보기로 '출필고 반필면 出必告 反必面'을 실천하면 좋습니다. 어머니에게 출근할 때 "다녀오겠습니다", 퇴근하며 "다녀왔습니다" 인사를 드리세요.

출퇴근 시 아이와는 요란스럽게 인사를 나누는데, 정작 어머니와는 눈도 제대로 맞추지 않았다면 문제입니다. 엄마는 떼 쓰는 아이 달래랴 애정 표현 듬뿍 하랴 아이 먼저 챙길 수밖에 없지요. 하지만 이제부터라도 어머니에게 가까이 가서 얼굴을 뵙고 인사를 하세요. 아이에게 이만한 예절 교육은 없답니다.

부모를 공경하면 내 아이가 잘 큰다는 믿음을 갖고 사소한 것에서 큰 것에 이르기까지 살피면 좋겠습니다. 인사야말로 아이의 인성과 사회성을 기르는 데 최고의 방법입니다.

부모의 안색을 살피세요

밤새 편안하셨는지, 밤사이 안녕과 오늘 아침 컨디션이 어떤지 살피세요. 부모님께 아침 문안을 드리고 아이에게도 문안 인사 듣는 것을 생활화하면 좋습니다.

어머니께 "안녕히 주무셨어요? 밤새 편안하셨어요?" 하고 인사 드리고, 아이에게도 "잘 잤어? 오늘도 좋은 하루 되자" 하세요.

"엄마 아빠, 안녕히 주무셨어요?" 하고 아이에게도 인사를 받으세요. "그래, 우리 딸도 잘 잤니?" 웃으며 화답합니다.

"할머니 할아버지 안녕히 주무셨어요?" 아이가 할머니 할아버지께 아침 문안 드리는 것을 확인해도 좋겠지요.

이런 아침 인사는 삼대가 함께 사는 가정에서 할 수 있는 살아 있는 교육입니다. 아침 인사는 아이에게는 관심과 사랑의 표현이며 부모님께는 존경을 표현하는 일입니다.

"엄마, 오늘도 우리 딸 잘 부탁드려요" 인사해도 좋겠습니다. 사랑하는 엄마가 할머니께 자신을 이렇게 정중하게 부탁하는데 어린 아이일지라도 그 마음 헤아리겠지요. 이것이 아이를 맡기는 엄마의 지혜입니다. 할머니의 안색을 살피는 엄마를 보며 아이는 어른을 존중하는 모습을 보고 배웁니다. 이런 가정에서 사란 아이는 남을 배려하고 마음을 헤아리는 능력이 뛰어날 수밖에 없습니다. 사회성이 좋은 아이가 되는 것입니다. 인성과 사회성은 21세기 리더십의 핵심입니다.

●

아이 앞에서는 존댓말을 쓰세요

친정 엄마가 편하다는 이유로 반말을 사용하는 경우가 많습니다. 나와 친정 엄마 둘이 있을 때는 하던 대로 해도 큰 문제는 없습니다. 다만 아이가 있는 자리에서는 의식적으로 존댓말을 사용하는 것이 좋습니다.

어른께 존댓말을 사용하면 존경하는 마음이 함께 담깁니다. 아이가 할머니께 반말을 한다면 어렸을 때부터 존댓말이 습관이 되도록 옆에서 도와주어야 합니다. 가장 좋은 방법이 내가 어머니에게 존댓말을 사용해 아이 앞에서 모범을 보이는 것입니다.

아이는 양육자의 보살핌으로 자라지만 스스로 배우고 큽니다. 아이 스스로 가치관을 형성하고 성장하기 위해서는 본보기가 필요하지요. 내가 어머니를 존중하는 모습을 보이면 아이는 가르치지 않아도 엄마의 모습을 거울삼아 바르게 자랄 겁니다. 오늘도 내일도 내 아이의 성장은 계속됩니다.

아이에게 모범이 되는 부모 존중법

1 부모에게 존댓말을 하세요

두 돌 전후는 어휘력이 폭발적으로 발달하는 시기입니다. 이 시기부터 존댓말을 듣는다면 아이는 존댓말의 문법과 다양한 어휘를 자연스럽게 익힐 수 있습니다.

2 부모를 공경하는 모습을 보이세요

아이는 부모가 조부모를 대하는 태도를 보고 배웁니다. 조부모를 공경하는 모습을 보이면 아이 또한 부모에 대한 존경심을 가지고 인성이 바른 아이로 자랍니다. 아이는 존경하는 사람의 말은 잘 듣기 때문에 조부모 육아의 효과가 커집니다.

갈등을 겪는
엄마에게

'
아이를 맡겨도
할 말은 하는 엄마의 대화법
'

매번 대화할 때마다 틀어져요

"어이구, 응가도 잘하고. 아이고 착해라, 우리 손주."

손주의 대변 뒤처리를 하며 할머니가 손주의 엉덩이에 뽀뽀라도 할 듯 연달아 "착하네, 잘했네" 합니다. 옆에 있던 딸이 보다 못해 한 소리 합니다.

"엄마, 다 좋은데 칭찬이 무조건 좋은 건 아니야. 지난번 책에서 봤잖아. 칭찬도 구체적으로 하라고."

"그랬냐? 그래도 칭찬은 좋은 거지. 그럼 이 콩만한 애가 응가 잘하는 게 착한 게 아니면 뭐냐."

"그래. 알아. 엄마가 무슨 말 하는지 아는데. 그러니까 그게……."

딸이 말하는 중간에 친정 엄마가 벌떡 일어납니다.

"보리물 끓어 넘친다."

그러는 동안 아이가 뒤뚱뒤뚱 걸어가며 휴지통을 엎어 놓고 놀고 있습니다.

"너 뭐하는 거야? 잠시도 가만 못 있네. 그거 안 된다니까."

"잘한다. 애 못하는 거나 꼬박꼬박 지적하고."

"아휴. 엄만 왜 그래. 그럼 저렇게 하는데 가만있으란 말이에요."

"칭찬만 해도 부족한 애한테. 도대체 배웠다는 애가……. 엄마 가르치려 말고 너나 잘해."

딸은 일요일이면 더 피곤합니다. 친정 엄마도 피곤합니다. 말 그대로 사사건건 부딪칩니다.

하루는 딸이 대화로 풀기 위해 엄마와 마주 앉았습니다.

"손주한테 너무 관대하니까 할머니 손에서 자라면 오냐오냐 응석받이가 된다는 거잖아."

"그래. 네 말이 뭔지는 아는데. 너 엄마한테 말할 때 예전에는 안 그러더니 애 맡긴 뒤로 아주 눈을 똥그랗게 뜨고 대들며 말하는 거 알아? 너 있으면 민재한테 아무 말도 못 하겠어. 태클 걸어올까 봐."

"내가 언제! 내 말은 아무거나 잘한다, 오냐, 그러지 말고 구체적으로 이야기해 칭찬하라는 거지. 엄마는 내가 무슨 말만 하면 가르친다고 하시더라. 내가 무슨 말을 못 해요."

"지금도 봐. 또 가르치고 일장언설이잖아."

친정 엄마는 예전부터 사소한 것에도 민감한 분입니다. 딸도 그것을 알고 있기에 대화로 잘 풀어 보려 하지만 자꾸 어긋나기만 하니 속상합니다.

어머니께 충분히 말할 시간을 주세요

대화를 시도한 것은 아주 좋습니다. 하지만 대화는 '마주 앉아 말을 주고받는 것' 이상의 의미를 가집니다. 내 말보다 상대의 말을 먼저 들으려고 해야 효과적입니다. 그런데 지금 아이의 엄마는 자신의 말을 제대로 전달하려고 '작정하고' 대화를 시도한 것이 문제입니다. 그러면 더 심각한 2차전이 기다리게 되거든요. 좋은 마음으로 대화에 응한 친정 엄마는 딸이 자신을 앉혀 놓고 따진다는 느낌을 받습니다.

"엄마, 칭찬을 그렇게 남발하면 안 돼!"

"그게 뭐 남발이냐. 진짜 잘하는 걸 잘한다고 하는 게 칭찬이지. 그럼 칭찬을 아끼란 말이야?"

"아니 그게 아니고, 아이 자체를 칭찬하는 게 아니라 아이의 행동을 칭찬하라는 거지. 예를 들면 애가 옷을 잘 벗었으면 '옷을 참 잘 벗었네' 이렇게 말이야."

"아, 그게 그거지. '옷도 잘 벗고 우리 손자 착하기도 하지' 하는 거나. 뭐가 다르다는 거냐."

육아서를 읽었다고 해서 그걸 상대에게 주입하려고 하면 역효과가 나지요. 논쟁거리가 못되는 것으로 계속 서로의 감정을 건드려서 사기를 떨어뜨릴 것인가, 감사의 마음과 미안한 마음으로 서로 격려할 것인가는 작은 차이입니다.

칭찬만 해도 부족할 시기에 굳이 불필요한 갈등을 유발할 필요가
없습니다. 서로 비난하고 미움으로 이어질 사안이 아닙니다.

대화는 상대의 이야기에 귀를 기울이는 데서 시작합니다. 대화를
시도하고 신청한 사람이 상대의 이야기에 귀를 기울이고 이야기할
기회를 줄 때 성공적인 대화로 이끌 수 있습니다.

친정 엄마에게 먼저 말할 기회를 주세요. 그리고 경청하세요.

"아이고, 네가 말하자고 했는데 또 엄마 혼자 말했네."

"엄마가 내 맘을 대신 다 얘기해 주셔서 난 들으면서 반성했어요.
그저 늘 감사할 뿐이에요. 엄마, 앞으로도 잘 부탁드려요."

이런 이야기가 오갈 정도로 친정 엄마가 충분히 말씀하도록 시간
을 드려야 합니다.

평소에 찬찬히 친정 엄마를 살펴봐 주세요. 그럼 저절로 어떤 말
을 해야 할 때 '어떻게' 말해야겠다는 생각이 들 겁니다. 가르치기
전에 우선은 고개 끄덕이며 공감하는 법부터 배우면 좋겠습니다. 말
하지 않아도 '엄마, 내 아이 잘 부탁해'라는 딸의 마음을 친정 엄마
는 충분히 읽을 수 있습니다. 엄마니까요.

●

'지적질'을 할 때는 조심스럽게

"정말 지 앞의 대들보는 못 보면서 남의 눈에 티끌은 보인다는 말이 딱 맞지. 어쩌면 사사건건 내가 못하는 것만 찾아내는지……."

"우리 딸은 저도 별 수 없으면서 나한테는 완벽을 요구해요. 저도 머리 감길 때면 애가 울고불고하게 하면서 내가 애 좀 울리면 당장 야단치듯 말해요. '엄마 애한테 자세히 설명하고 감겨야지. 애가 당황하잖아' 그러는데 정말 내 딸이니까 봐주지 싶어요."

"초등학생 큰 손녀가 보기에 지 엄마가 나한테 하도 냉정하게 입바른 소리만 하니까 '엄마는 지적질 끝판왕'이라고 그러더라고. 하여튼 우리 며느리 지적은 참 대단해요. 가끔은 애한테 하듯 나를 혼낸다니까."

요즘 아이들이 흔히 쓰는 '지적질'이라는 말이 있습니다. 지적질은 애나 어른이나 모두 싫어합니다. 아이들이 부모의 지적도 못 견뎌 잔소리로 치부하는데 하물며 어른인 친정 엄마가 딸 지적에 마냥 관대할 수는 없습니다.

아이들도 부모의 말이 옳다는 걸 알지만 잔소리로 들리는 순간 기분이 나빠지고 마음을 닫습니다. 친정 엄마도 딸의 말이 어느 정도 맞다는 것을 알지만 괘씸한 마음이 앞섭니다. 기껏 손주 봐 줬더니 매사 가르치려고만 들고 지적이나 하는 딸이 좋을 리 없지요.

더구나 노여움이 커지는 시기가 노년기입니다. 옛말에 '늙으면 애가 된다'는 말이 있어요. 발달 특성은 아이에게만 해당되는 것이 아닙니다. 인간은 죽을 때까지 발달 단계를 거칩니다. 노년기는 신체의 노화와 사회적 지위의 약화, 경제적인 자립도가 떨어지는 시기라서 심리적으로도 위축됩니다. 그래서 어린 아이보다 오히려 지적질에 민감할 수 있습니다. 신체적인 노화는 자존감의 약화로 이어지기 때문에 웬만한 일도 아닌 일에 서운함을 느끼기도 합니다.

"암튼, 엄마 나이 먹더니 '섭섭병' 걸리시나 봐. 그거 노인들 특성인거 아시죠. 우리 엄마도 나이는 못 속여."

딸의 말에 눈물이 뚝 떨어졌다는 사연도 흘려들을 이야기는 아닙니다.

여성은 갱년기를 겪으면 신체적 정신적으로 큰 변화를 겪습니다. 몸과 마음을 추스르는 것만으로도 충분히 벅찬데 딸의 말이 예사로 들릴 리 없습니다. 매일 아침 거울을 보는 친정 엄마는 하루하루 자신이 늙어 가고 있다는 것을 깨닫습니다. 화장을 해도 어쩔 수 없는 주름, 어느 날은 화장을 하자니 주름이 더 도드라져 보이고 안 하자니 얼굴의 생기라고는 찾을 수가 없어 속상합니다.

그런 어머니께 잘해야지 하면서도 툭툭 못난 일들을 만듭니다. 조심스럽게 말씀드려야 한다는 것을 알면서도 모난 말들을 던집니다. 우리 자식들은 부모님을 너무 쉽게 가슴 아프게 만듭니다.

...

대화는 상대의 이야기에 귀를 기울이는 데서 시작합니다. 대화를 시도하고 신청한 사람이
상대의 이야기에 귀를 기울이고 이야기할 기회를 줄 때 성공적인 대화로 이끌 수 있습니다.
친정 엄마에게 먼저 말할 기회를 주세요. 그리고 경청하세요.

칭찬은 어머니를 춤추게 합니다

좋은 의미를 담았고 옳은 말이더라도 지적은 결국 '잘 못한다'는 말과 다르지 않습니다. 그렇다면 꼭 해야 할 말을 어떻게 전하면 좋을까요. 갈등을 줄이는 방법이 대화라는 건 이미 알고 있는데 대화하다 보면 둘 다 화내기로 끝나기 일쑤입니다.

"'어머니, 아이가 먹기엔 좀 짜요. 이렇게 짜게 먹기엔 아이가 너무 어리다고 지난번에도 말씀드렸는데 이번에도 또 그러시네' 그러곤 아차 싶어 다른 건 맛있다고 했는데 벌써 어머니 표정에 냉기가 돌더라고요. 더 얘기하면 결국 서로 기분만 나빠질 것 같고 그 여파가 애한테 갈까 봐 제가 그냥 참고 말죠. 참다 보니 갈등만 계속 쌓이고요."

할 말은 해야겠고 하자니 시어머니의 반응이 부담스럽다는 며느리들도 있습니다.

"저희 어머니는 무슨 말만 하면 '그리 잘하면 네가 해라'는 말이 자동으로 나오는 분이세요. 그런 말 듣자고 하는 것도 아니고, 서로 좋자고 드리는 말씀인데 꼭 비틀어 들으시니 제 말이 제대로 전달될 리 없어요. 아무리 좋은 뜻으로 말씀드려도 마음만 더 상한다니까요. 요즘은 아예 말을 말자 싶어 포기하고 살아요."

듣고 싶지 않은 '마음속 얘기'는 어른이 되어도 듣기 싫고 못마땅

합니다. 그렇다고 문제가 있는데 마냥 피할 수는 없습니다. 할 얘기는 해야 하고 들어야 할 이야기는 분명 들어야 합니다. 어떻게 하면 주거니 받거니 상대의 이야기를 듣고 내 이야기도 할 수 있을까요? 상대가 내 얘기를 곡해하지 않게 내 진심을 전할 수 있을까요?

대체로 옳은 소리는 상대에게 쓴소리로 전달이 되는 경우가 많지요. 쓴소리하는 사람은 약 되는 소리인줄 알기에 서슴지 않지만 듣는 사람 입장에서는 말 그대로 쓰기만 합니다. 적절한 '슈거 코팅(달콤한 칭찬)'이 필요합니다. 부탁의 말이나 평소에 하기 어려운 쓴소리를 하는 대화에서 슈거 코팅은 대화의 성패를 좌우합니다.

그리고 부탁의 순서를 지켜 주세요. 첫째로 감사드리고 둘째로 하고 싶은 말을 하고 셋째로 다시 감사의 말로 마무리를 하세요. 실제로 우리는 어머니께 늘 감사하고 있잖아요. 그 마음을 전해야 합니다. 그것이 어머니에게 칭찬으로 전달되어야 손주 육아가 기분 좋은 일이자 보람이 됩니다.

우선 자리에 앉으세요. 차 한잔 앞에 놓고 앉으시면 더 좋습니다, 잠시 아이를 맡아 줄 사람이 있다면 "어머니 제가 차 한잔 사드릴게요. 어머니랑 카페에 가고 싶었거든요" 하고 주말에 브런치라도 함께하며 이런저런 얘기를 나누면서 자연스럽게 부탁드립니다.

"어머니, 늘 감사하게 생각해요. 힘드시죠. 그런데도 제가 이것저것 요구하는 게 많아서 죄송해요."

먼저 어머니의 마음을 헤아려 드리세요. 그 자리에서 무언가 요청 드리지 않아도 괜찮습니다. 둘의 관계가 돈독해지면 평소에 "어머니이이~~" 하고 부르기만 해도 이심전심 통하는 사이가 될 수 있으니까요.

아이와 엄마의 유대 관계가 좋은 경우엔 아이가 엄마의 말을 잘 듣습니다. 대체로 고집 세고 말썽쟁이일수록 부모와의 관계가 좋지 않거나 유대감이 부족합니다. 부부 관계든 부모 자녀 관계든 고부 관계든 이치는 같습니다.

어머니와 거실에서 차 한잔 나누며 이야기만 자주 나누어도 서로의 마음에 오해가 끼어들 자리는 없습니다.

"너도 직장 다니랴, 밤엔 애 보랴, 남편 뒷바라지 하랴, 애쓴다."

"어머니, 고생하시는데 애가 말 안 들을 때도 있고, 저희가 넉넉하게 용돈도 못 드리고, 너무 어머니한테만 의지해서 죄송해요."

평소 이런 대화를 나누는 고부 사이라면 어려운 얘기도 꺼내기 어렵지 않습니다. 마음의 선입견이 없어야 쓴소리가 약이 됩니다.

기회 있을 때마다 감사 표현을 하고 쓴소리도 달콤하게 하세요. 아이를 키우는 일로 온 가족이 화목해진 가정은 칭찬을 지혜롭게 실천한 경우입니다.

칭찬의 지혜,
부탁의 지혜

1 칭찬은 장소를 가리지 말고 크게

- 온 가족이 들을 수 있도록 하세요.
- 아이가 있을 때 하면 더 좋습니다.
- '우리 할머니는 멋진 분'이라는 생각이 들어야 양육자의 권위가 서고 할머니의 말이 아이에게는 조용히 잘 전달됩니다.
- 칭찬과 감사의 표현은 아끼지 마세요.

2 부탁드릴 때는 조용히

- 어머니와 단둘이 있을 때 최대한 정중하게 말씀드리세요.
- 지적이라는 느낌이 들지 않도록 손을 잡고 부드럽게 이야기하세요.
- 대화의 끝에서 언제나 감사한 마음을 전하세요.
  "제가 어머니 아니면 정말 꼼짝 못 해요. 늘 감사드려요."

3 반복해서 부탁드릴 때

- 현재형으로, 처음 부탁드리는 듯이 하세요.
  "어머니, 제가 지난번에도 얘기했잖아요." No!
- 과장법을 쓰지 마세요.
  "엄마, 내가 진짜 여러 번 얘기했거든. 이번에 말하면 아마 열 번은 될 거야! No!

어머니의 육아 방식 때문에 휴직하려 해요

"결혼 5년 차, 아이가 딸린 직장맘입니다. 생활비가 빠듯해 육아휴직 후 회사로 복귀했어요. 아이는 돌 지난 지 얼마 안 되었고 현재 시어머니께서 봐 주는 상황인데요. 문제는 시어머니가 애 봐 주는 방식이 너무 마음에 안 들어요. 밥 먹일 때 덩어리가 좀 큰 반찬이 있으면 애가 잘 못 씹는다고 깨물어서 넣어 주세요. 어머니는 치아랑 잇몸이 안 좋아서 치과 치료를 받고 계시거든요.

기응환이라고는 들어 보셨어요? 애가 놀래거나 심하게 보챌 때 먹이는 약이라고 자주 먹이시더라고요. 애 키우는 집은 상비약이라나. 근데 병원에 물어보니 먹이지 말래요. 아이가 깜짝 놀라는 건 흔한 발달 과정이고 오히려 가만히 있는 아기가 문제인 거라고. 말씀을 드려도 저희 시어머니는 다 이렇게 키웠다며 제 말은 안 들으려

하세요. 또 아이도 입맛은 다 있다며 이유식을 짭짤하게 먹이시고, 너무 깨끗하게 키우면 안 된다며 애도 대충 씻기고요. 요즘 애 키우는 방식과 안 맞는 걸 말하자면 끝도 없어서 속상해요.

물론 저도 시어머니가 아이 맡아 주시니 정말 감사해요. 어머님 말고는 달리 부탁드릴 데도 없고요. 옛날엔 다들 그렇게 키웠다고 하시는데 제가 너무 예민한 걸까요? 그냥 제가 돈을 못 벌더라도 일을 그만두고 애를 직접 보는 게 나을지 고민이에요."

●

아이 맡긴 죄로 가만히 있어야 할까요

TV 프로그램 〈신세계〉 고부 갈등 편에서 조부모 육아 전문가로 출연했을 때 시청자가 보내 온 사연입니다. 요즘도 이런 시어머니가 있나 싶을 만큼 보기 드문 구식 육아법을 고수하는 시어머니 때문에 지속적으로 육아 갈등이 벌어지는 상황이지요. 아이의 엄마는 몇 번이나 휴직을 생각했다고 했습니다.

　사연 속 시어머니의 손주 육아는 그야말로 구식 육아법의 종합 세트였지요. 옛날 할머니들은 손주가 밥을 먹을 때쯤 되면 어느 정도 씹은 뒤 다시 숟가락에 뱉어 아이에게 먹였습니다. 그 시대에는 그것이 자연스런 육아 방식이었지 그것을 청결과 불결로 나눠 생각하지 않았습니다. 그 당시 할머니들의 치아 건강은 요즘 할머니들보다 더 문제였을 텐데 말이에요.

방송 사연 정도까지는 아니라도 어머니와 나의 육아법이 달라서 갈등을 빚는 가정이 정말 많습니다.

"가정사라 터놓고 남들에게 말도 못해요. 남편은 이해를 못하니 투정만 부리는 것 같아서 의논도 안 하게 돼요. 자칫하면 부부 싸움까지 난다니까요. 참다 보니 속병만 생기는 것 같아요. 그러니 짜증이 나고 애한테도 미안하고. 악순환이 반복되는 거 같아서 우울해요. 방송이나 잡지 보면 손주 보는 할머니들이 손주 육아로 우울증이 생긴다는데 맡기는 제 속은 더 타들어 가요. 산후 우울증보다 더 심해요. 주변에 저처럼 어머니께 아이 맡기면서 속앓이하는 엄마들이 의외로 많아요."

아이를 맡긴 게 죄라며 뭐든 어머니께 맞추라고만 하는 남편 때문에 애도 제대로 못 키우고 남편과의 갈등만 더 커지고 있다, 어머니 힘든 것은 알지만 자신의 몸과 마음이 너무 지치고 힘들다고 토로하는 사연에 남 일 같지 않은 엄마들의 눈가가 촉촉해집니다.

어머니의 육아 방식은 쉽게 고쳐지지 않습니다. 물론 어머니와 대화를 해라, 어머니를 존중해 드리며 부탁해라, 어머니께 예의를 다해라 등 처방전을 드릴 수는 있습니다. 하지만 이 방법이 모든 어머니들에게 척척 들어맞지는 않습니다. 살다 보면 요모조모 살피며 사랑해서 결혼한 부부도 이해 못 할 일이 태산이고 갈등이 샘솟는데 하물며 시어머니의 가치관과 나의 가치관이 맞기란 거의 불가능한 일입니다.

하늘의 별을 따려고 하느니 포기가 낫습니다. 포기가 나쁜 걸까요? 아닙니다. 불가능한 걸 하려고 애쓰는 것은 소모전입니다. '내 사전에 불가능이란 없다'는 말은 전쟁에 이기고 싶은 영웅이나 스스로에게 던지는 주문입니다. 어머니를 나와 가치관이 맞는 사람으로 변화시킬 수 있을까요? 아무리 생각해도 어렵습니다.

·

어머니를 변화시키겠다는 생각부터 바꾸세요

내 맘도 내 맘대로 안 되는데 어머니를 내 맘대로 변화시키겠다니요. 너무 큰 욕심이란 걸 인정해야 현명합니다. 바꾸려는 마음이 상식적이고 공정한 일이라도 어머니의 방식을 인정해야 합니다. 인정한다는 건 참는 일이기도 하지요. 내가 보기에 그르고 누가 봐도 아니지만 어머니가 고집하면 인정하고 포기할 수밖에 없습니다. 그렇지 않고는 매 순간 비극 시나리오가 펼쳐집니다.

사연으로 다시 돌아가면, 어머니의 구식 육아 방식에 대해 "정말, 이해가 안 돼"라며 내 기준으로 오해의 잣대를 들이댄 건 아닐까요. 이미 나는 삐딱한 시선으로 어머니를 보고 있습니다. 이런 상태라면 대화를 시도한다 해도 상대는 절대로 내 마음을 알아 주지도 듣지도 않을 겁니다.

"대화도 해 봤어요."

혹시 그 대화를 내 중심으로 이끌지는 않았나요?

“정말 감사하게 생각하지만 어느 때는 정말 왜 저러실까? 정말 그렇게 하고 싶으실까? 처음엔 할 말이 많았고 대화 시도도 열심히 해봤는데 이젠 포기예요.”

포기하기까지 나 혼자만 노력했다고 매번 억울해 하지는 않았나요? 그 억울함이 마음속 깊이 똬리 틀고 있는 한 대화는 번번이 실패로 끝날 수밖에 없습니다.

야속한 결론이지만 어머니를 바꾸려 하지 마세요. 그럴수록 내가 더 힘들기 때문입니다. 어머니도 힘들고 아이와 남편도 힘듭니다.

큰 그림을 그리세요. 아이를 맡겨야 하는 근본적인 이유와 목적을 생각하며 주변 상황을 돌이켜 보세요.

나는 직장을 다녀야 한다.
내 소중한 아이를 누군가 잘 맡아 줘야 한다.
누가 좋을까? 현재 우리의 경제 상황은 어떻지? 그럼 적임자는? 베이비시터가 좋을까? 아니. 비용이 백만 원은 넘지. 게다가 믿고 맡기기엔 검증도 안 되었고, 시간도 자유롭지 않아. 그건 안 되겠다. 그럼 친정 엄마가 좋을까? 아니야. 친정 엄마는 몸이 약하신 데다 지방에 사시니 맡긴다면 주말에만 아이를 볼 수 있어. 어린이집에 보내기엔 아직 어려. 게다가 지금은 야근이 잦은 형편이라 저녁엔 누군가 돌봐 줘야 해.

이렇게 고민에 고민을 거듭한 끝에 선정한 분이 바로 시어머니입니다. 차선이 아니라 최선의 선택이지요. 혹시 당장 눈앞의 육아 갈등으로 인해 큰 그림을 잊은 건 아닐까요. 그래서 '나는 직장을 다녀야 한다'가 '이대로 직장에 다녀야 할까?'로 바뀐 것일는지 모릅니다.

아이를 출산하고 직장을 다녀야 할 때는 분명한 이유가 있었을 거예요. 만약 그 이유가 뚜렷하지 않다면 직장을 휴직하거나 퇴직하는 것에 망설일 이유가 없습니다. 하지만 여전히 직장에 다녀야 할 확실한 이유가 있다면 육아 갈등에도 불구하고 '어머니께 아이 맡기기'는 유지해야 합니다. 그렇다면 지금 나는 어머니와의 육아 갈등으로 체력을 낭비하기보단 현명한 대처를 고민해야 합니다.

'어머니가 안 맡아 주셨다면.'

이러한 가정을 해 보세요. 어머니가 안 맡아 주셨다면 이른 아침에 맘 놓고 직장에 갈 수 없었을 겁니다. 어머니가 안 맡아 주셨다면 내 경력은 이대로 끝났을 겁니다. 어머니가 안 맡아 주셨다면 아이에게 일하는 멋진 엄마가 되고 싶은 꿈을 이루지 못했을 겁니다. 이런 마음들은 어머니께도 전달됩니다. 금방 전달이 안 된다고 실망하지 마세요. 몇 날 몇 달이 걸리더라도 결국은 전달된다는 걸 믿으세요.

마지막으로 확신하건대 일부러 손주에게 나쁜 걸 주는 할머니는 세상에 없습니다. 내가 보기엔 비위생적이고 비교육적일지라도 어머니 딴에는 그것이 손주에게 좋다고 알고 행동하는 것입니다. 좋은 걸 주고 싶은 마음은 나와 어머니가 같습니다.

"내가 보고 자란 것만 생각했구나. 나인들 내 손주한테 얼마나 잘하고 싶겠니? 누구보다 잘 키우고 싶지. 잘하려고 그런 건데. 미안하다."

어머니의 '예전엔 다 그렇게 키웠다'는 말에 담긴 속마음을 먼저 헤아리는 게 어머니의 육아 방식을 고치려는 백 마디의 말보다 효과가 있을 거예요.

•

다 맡기지 마세요. 내 아이입니다

어머니가 잘하는 부분이 있고, 내가 잘하는 부분이 있습니다. 육아 갈등으로 고민하기보다 서로 잘하는 부분을 나누는 게 현명합니다. 예를 들면 어머니는 아이의 정서에 좋은 영향을 미칠 수 있습니다. 손주를 바라보는 데 조급함이나 초조함이 없습니다.

서두르지 않고 오래 참고 기다려주기.

조부모육아의 장점이지요. 반면 부모는 아이의 교육을 책임질 수 있습니다.

"얼마나 애쓰세요? 힘드시죠? 대단하세요."

이 말에 손주 셋을 보는 할머니는 "애들이 그렇죠. 저만 힘든가요. 다 그렇게 크는 거죠" 하십니다. 할머니만이 가지는 여유입니다. 넉넉한 이해와 다그치지 않는 편안함이 아이들에게는 긍정의 정서로 다가갑니다.

반면 할머니는 손주 교육 전문가가 아니라는 걸 이해해야 합니다.

...

내 맘도 내 맘대로 안 되는데 어머니를 내 맘대로 변화시키겠다니요.
너무 큰 욕심이란 걸 인정해야 현명합니다. 바꾸려는 마음이 상식적이고 공정한 일이라도
어머니의 방식을 인정해야 합니다.

전문가인 저도 감탄할 정도로 세 명의 손주를 잘 키우는 할머니에게
도 몇 가지 문제점은 나타났습니다.

첫 번째가 바로 '밥 먹여주기'.

이것은 손주들의 자립심을 저해하는 사랑 방식입니다.

그 다음으로 아이들이 하고 싶은 대로 하게 해 주는 '오냐오냐 사랑'.

피아노 친다고 하면 그래라 하니 초등생, 유치원생인 손주들이 얽
혀 서로 치겠다며 밀고 당기다 결국 울어 버리니 집안은 늘 전쟁터입
니다. 또 아이들이 텔레비전을 본다고 하면 시간 제한 없이 일단 틀
어 줍니다. 밥 안 먹는다고 투정하면 일일이 먹여 주거나 대신 간식
을 먹이는 일도 비일비재하지요.

이런 부분이 며느리로서는 마땅치 않아 매사 육아 갈등으로 이어
집니다. 하지만 젊은 엄마들도 아이 키우다 보면 아이 뜻대로 맞춰
줄 때가 있습니다. 아이가 먹기만 해도 감지덕지여서 따라다니며 먹
이고, 교육적 효과를 기대하며 몇 시간씩 영상을 틀어 놓습니다.

내가 아이를 잘 키우는가, 어머니가 더 잘 키우는가의 문제로 접
근하지 말고 둘의 장점을 살리는 방향으로 생각해 보세요. 역할만
잘 분담해도 아이는 엄마 혼자 키우는 것보다 교육적으로도 낫습니
다. '아이를 키우는 데 한 마을이 필요하다'는 말처럼 어른들의 좋은
양육 방식에 힘입어 아이는 잘 자랄 겁니다.

애한테 텔레비전만 틀어 주셔서 걱정이에요

"퇴근해서 집에 들어가면 스트레스 지수가 쭉 올라갑니다. 현관문 열면 아이는 텔레비전 보느라 눈도 안 마주쳐요. 어머니랑 아이랑 깔깔거리며 텔레비전에 빠져 있는 걸 마주하면 그냥 직장 그만 두고 애나 봐야 되지 않을까 싶어요. 어머니께는 말해 봐야 소용이 없어요. 고집이 얼마나 세신지. 텔레비전 우습게 보지 말래요. 교육적인 내용도 많이 나온다고요. 그리고 이거 없었으면 당신께서 병 나도 한참 전에 났을 거라고⋯⋯. 그 말이 맞긴 해요. 물론 무료하기기도 할 거고요. 애하고 오후에 할 일이 뭐 있겠어요. 그래도 동화도 읽어 주고 애랑 놀이도 함께해 주면 얼마나 좋을까요? 애 맡기면서 어머니께 실망하는 일이 많아져서 큰일이에요."

"며느리 퇴근 시간이 무섭죠. 퇴근 전에 웬만하면 텔레비전도 끄고 청소도 좀 해 놓으려고 하지. 아니면 손주나 아들한테 불똥이 튀니까. 근데 어느 날은 예상보다 한 삽십 분 일찍 왔지 뭐야. 아니나 다를까.

'너, 엄마가 텔레비전 보지 말라고 한 거 잊었어? 이렇게 맨날 텔레비전만 보고 있었던 거야?'

'이거 봐. 도대체. 뭘 먹었기에 옷에 이렇게 묻혔어. 먹을 때 흘리지 좀 말고 먹어.'

누굴 들으라는 건지. 목소리를 쩽쩽 높이면서 아이를 야단친다니까요. 애는 엄마 품에 파고들며 애교를 부리는데도 그건 거들떠보지도 않아요. 그렇게 아이에게 한 차례 퍼붓고는 집 안을 한 바퀴 쭉 둘러봐요. 혹시나 싫은 소리 더 할까 봐 얼른 서둘러서 집에 갈 준비 해요. 편한 내 집 두고 며느리 잔소리 들을 필요 없잖아요. 하루 종일 애 봐 주고 이게 뭔가 싶죠."

•

누구 들으라고 소리 지르는 건가요?

"이게 뭐야. 왜 이렇게 어질러 놨어. 이렇게 정신없게 해 놓으면 어떡해. 엄마도 힘든데."

며느리가 멀쩡하게 있는 손자를 툭툭 밀며 청소기를 잡습니다. 저도 힘들다면서 좀 천천히 해도 되련만 외출복도 안 벗고 청소기를 잡으면 어쩌라는 건지요. 아이한테 "너 하루 종일 놀기만 한 거야? 이렇게 텔레비전만 본 거냐고" 하는데 시어머니가 보기엔 이건 해도 너무한 말입니다. 손주가 어린이집과 학원 갔다 오면 다섯 시가 넘는데 그 이후 줄곧 텔레비전을 봤다고 해도 한 시간 남짓이에요. 아이 엄마가 과하다는 생각이 들죠.

"애, 하루 종일은 무슨, 학원 갔다 와서 이제 막 보는 중에 너 온 거다" 그러면 듣는 건지 마는 건지 대꾸도 안 하고 "들어가 씻지 못해. 입 주변 좀 봐. 뭐 먹은 거야. 가서 씻어" 합니다.

애를 혼내는 건지, 나를 혼내는 건지, 며느리의 말이 얼마나 서운한지 오늘 당장 애 봐 주는 일 그만 해야지 하는 생각이 절로 듭니다. 이따 아들 오면 말해야지 싶어 기다리지만 막상 아들을 보니 말이 안 나옵니다. 며느리한테 꽉 잡혀 살면서 숨이나 제대로 쉬나 싶어 안쓰럽고, 또 당신이 손주를 안 보겠다 하면 그 화가 어디로 미칠지 아니까 선뜻 말이 나오지 않습니다. 다시 생각하니 며느리도 안쓰럽습니다. 넉넉지 않은 집에 시집와서 고생이다 생각하니 모든 것이 당신 책임인 것만 같습니다.

"남들도 별 수 있겠어요. 이렇게 사는 거려니 위로하고 살아요. 살다 보면 웃는 날도 있긴 해요. 애 때문에 웃고 가끔 고맙다는 말에 섭섭함이 봄눈 녹듯 사라지고. 사는 게 그런 거지요."

며느리와 딸들의 이야기를 들어 보면 나름의 애로 사항에 고개가 끄덕여지다가도 시어머니와 친정 엄마들의 고달픈 손주 육아에 대한 이야기를 듣고 있으면 마음이 울컥합니다.

...

어머니에게 부탁하지 말고 내가 아이에게 책을 읽어 주고 읽는 습관을
키우면 됩니다. 어머니는 양육을 도와주는 분이지 진짝인 책임자가 아니고
엄마를 대신해 주는 분이지 엄마가 아닙니다.

어머니 앞에서 비록 아이한테 하는 말이라도 목소리 높이는 일을 삼가야 합니다. 어머니 입장에서는 '나한테 들으라고 하는 것' 같은 게 아이 엄마의 큰소리입니다.

현관에 들어선 순간 책을 보고 있던 아이가 엄마가 온 걸 알아채고 달려와 안기며 반갑게 인사를 합니다. 집 안은 모델하우스처럼 정리가 반듯하고 주방에서는 어머니가 저녁 식사를 준비하는지 맛있는 음식 냄새가 가득합니다. 밀려오는 안도감과 행복감……. 혹시 이런 풍경을 생각했나요? 그러나 이런 풍경은 그야말로 이상일 뿐입니다. 이걸 인정해야 나도 아이도 할머니도 행복합니다.

거실은 엉망이고 텔레비전 소리가 가득한 집, 아이는 빨려 들어갈듯 텔레비전을 보느라 엄마가 왔는지도 모르고, 어머니도 같이 소파에 비스듬히 누워 텔레비전 삼매경입니다. 엄마는 피로감이 와락 몰려오며 화가 치밉니다. '나, 고작 이런 꼴 보려고 일 다니나', '왜 이렇게 사는 거지?' 그런 생각이 들지라도 심호흡을 한 번 깊게 들이마시고 먼저 어머니께 다가가 "어머니, 저 다녀왔어요" 하고 인사를 하세요. 그리고 "○○야, 엄마 다녀왔어" 하고 아이에게도 인사를 하세요. 인사와 예의를 갖춘 후 그 다음 조치를 취해도 늦지 않습니다.

입장 바꿔 생각해 보세요

부모 교육 강연에서 '자녀의 입장에서 생각하라'는 말을 자주 하게 됩니다. 입장 바꿔 생각하기가 모든 관계의 명쾌한 해답이 되기 때문입니다. 부부 관계에서도 부모와 자녀 관계에서도 서로를 이해하는 데 이만한 비법이 없어 보입니다.

그런데 입장을 바꿔 생각하는 것이 절실히 요구되는 관계가 바로 육아를 맡기는 나와 육아를 맡는 어머니입니다. 아이를 맡기는 내가 맡아 주시는 어머니의 마음을 헤아려 드려야 합니다. 결코 할머니에게 입장 바꿔 생각해 달라 요구하지 마세요. 그건 과도한 욕심입니다.

주말에 온전히 아이 육아를 했던 날들을 떠올려 보세요. 아이와 하루 종일 지내다 보면 어느 시간은 텔레비전을 봅니다. 늘 책을 읽어 주고 아이와 대화를 하고 하루 종일 아이와 놀아줄 수만은 없는 일입니다. 그런데 어머니가 저녁 무렵에 아이와 함께 텔레비전을 보면 왜 그렇게 깔끄럽게 보일까요. 욕심이 과한 겁니다. 젊은 엄마가 할 수 없는 경지를 어머니에게 기대하니 불만이 생기는 것이지요.

어머니의 이상적인 손주 육아를 바랐는데 기대에 못 미치나요?

그렇다면 엄마가 나서야 합니다. 어머니에게 부탁하지 말고 내가 아이에게 책을 읽어 주고 읽는 습관을 키우면 됩니다. 어머니는 양육을 도와주는 분이지 선적인 책임자가 아니고 엄마를 대신해 주는 분이지 엄마가 아닙니다.

어머니의 텔레비전 시청까지 제한하지 마세요

흔히 아이의 텔레비전 시청을 제한하면서 어머니의 텔레비전 시청까지 구속하는 경우가 있어요. 그건 어머니 자유입니다. 하지만 아이는 부모의 선택에 따를 의무가 있으니 아이의 텔레비전 시청이 마뜩잖다면 아이를 조용히 방으로 데리고 가서 엄마가 생각하는 방식으로 놀아 주거나 책을 읽어 주면 됩니다.

텔레비전 시청은 육아 갈등의 큰 부분을 차지합니다. 어머니의 텔레비전 시청을 비난하는 대신 대안을 찾아야 합니다. 녹화를 해 드리거나 예약 기능을 활용해 퇴근 후 내가 아이와 지낼 때 시청하도록 하는 것도 방법이 될 수 있습니다. 어머니와 상의해서 방에 따로 텔레비전을 설치해 드리는 것도 좋습니다.

텔레비전 켜진 시간이 길수록 아이의 어휘 수가 적고 언어 발달이 느리다는 연구 결과를 어머니와 얘기하는 자리는 필요할 것 같습니다. 어려운 말씀을 드리기 전에는 평소 관계가 좋아야 하니 평소에 살뜰하게 어머니를 챙겨 보세요. 어떤 말씀을 드려도 곡해하지 않는 관계는 평소의 말과 행동으로 만들어집니다.

어머니와 아이가 함께 있을 때
아이를 꾸중하는 방법

어른이 계시는 곳에서 아이를 훈계하기가 쉽지 않지요.
그래서 더욱 지혜가 필요합니다.

1 아이를 다른 장소로 데려가세요

"엄마랑 잠깐 이야기 좀 할까?"

2 아이와 이야기를 나누세요

"네가 어른 프로그램을 보고 있어서 엄마가 당황했어."

: 어른 프로그램은 보면 안 된다는 걸 환기시킨 후 아이가 볼 만한 프로그램에 대한 이야기를 나누세요.

3 할머니가 안 계신 곳에서 이야기하는 속뜻을 알려 주세요

"할머니 계신 곳에서 너를 꾸중하면 할머니가 더 속상하시거든. 너를 사랑하시니까 네가 칭찬 받았으면 하는데 엄마한테 꾸중 들으면 얼마나 속상하시겠어. 그래서 이렇게 너와 둘이 이야기 나누는 거야."

: 엄마가 할머니를 존중한다는 것을 알려 주고, 아이도 할머니께 멋진 손주가 되기를 바라는 마음을 전하세요.

4 아이를 달랜 후 아이에 대한 사랑을 충분히 전하세요

"엄마 얘기는 전했어. 네 생각이 있으면 말해 주렴."

"엄마는 너를 사랑해. 할머니도 우리 아들의 멋진 모습을 바라실 거야."

5 할머니 앞에서 울던 표시를 내지 않기로 이야기 나누세요

"자 이제 나가서 할머니께 밝은 얼굴 보여 드릴 수 있을까? 아님 좀 더 있다 나갈까?"

"할머니 걱정하시겠다. 나갈까? 할머니께 어떤 얼굴 보일까?"

: 평소의 훈세 방식이 아이에게 '할머니의 존재감'을 부각시킵니다. 어른 앞에서의 표정과 태도에 대한 예절 교육의 기회로 삼으세요.

'알아서 해 주시겠지'도 갈등의 원인이 됩니다

"어머니가 알아서 해 주실 줄 알았죠. 아이를 데리고 병원에도 가시고 약도 받아 오셨거든요. 당연히 어머니가 시간 맞춰 약 먹일 줄 알았고요. 근데 들어 와서 보니 약 봉투가 냉장고에 그대로 있는 거예요."

"애가 학원을 안 갔는 데도 갔다 온 줄 알고 계시더라니까요. 학원 갈 시간을 아시니까 챙겨 보내기만 하면 되는데 되레 잔소리를 하세요. 애를 가둬 키우지 말고 자율성을 키우라고요. 이제 일곱 살 애가 뭘 안다고. 암튼 우리 어머니는 자율성이나 자립, 자존 이런 말들을 어디서 들으셨는지 부쩍 자주 쓰세요. 혹시나 애를 방치하는 용으로 그 말을 쓰시는 건 아닌지 속상해요."

생각이 다르다는 걸 인정해야 갈등이 적습니다

일부러 안 챙기는 어머니들은 없을 거예요. 어머니 나이에 건망증은 자연스럽습니다. 장롱에 휴대폰을 넣어 둔 채 종일 찾기도 하고, 당신 손에 쥐고 "그거 어딨니? 좀 전까지도 분명 봤는데" 하실 수도 있습니다. 어머니에게 일임할 일이 있고 때마다 도움을 요청해야 할 일이 있습니다. 내 기준에서 '알아서 해 주시겠지' 생각했지만 어머니는 캄캄하게 모를 수도 있습니다. 그런 일이 반복되면 알아서 해 주기를 기대했던 나는 실망하게 됩니다.

'알아서 먹이셨겠지, 애가 아프니 알아서 병원에 다녀오셨겠지, 설마…… 알아서 하셨겠지.'

이 모든 것의 공통점은 '당연'에서 나옵니다. 하지만 나와 어머니는 당연의 기준이 다름을 인정해야 갈등이 적습니다.

아이 문제로 체크할 땐 감정이 상하지 않도록

약 먹이라는 이야기는 인부 끝에 하세요

"점심시간에 아이가 약을 먹었는지 확인하려다 '어머니가 알아서 먹였겠지' 생각하며 들었던 전화기를 내려놓았습니다. 잘하시는데 공연히 참견하는 것 같아서였죠. 걱정은 되었지만 아이가 밥 먹는 것까지는 보고 출근했으니까요. 약은 당연히 먹이시려니 했어요. 애가 더 아프다는 전화도 없으니 약 먹고 집에서 잘 쉬나 보다 했죠.

그런데 웬걸요. 퇴근 후 보니 식탁 한쪽에 약 봉투가 그대로 있는 거예요. 다행히 아이 상태가 많이 좋아지긴 했어도 완전히 나을 때까지 약을 먹이는 게 좋거든요. 속상한 마음에 '할머니가 안 주면 네가 달라고 해야지' 하고 말해 버렸어요. 순간 어머니가 어쩔 줄 몰라 민망해 하시더라고요."

어머니가 매사 꼼꼼한 분일지라도 마음으로 신경 쓰느니 전화를 드리는 게 낫습니다.

"어머니, 그냥 전화 드렸어요. 점심 드셨어요? 영양제도 챙겨 드셨죠? 네. 꼬박꼬박 챙겨 드셔야 해요. 어머니 건강이 최고예요. 저도 비타민 한 알 먹으려고요."

이렇게 먼저 어머니를 챙긴 뒤 자연스럽게 아이의 약 이야기를 꺼냅니다.

"희연이는 약 안 먹겠다고 하지 않고 잘 먹었어요? 어머니가 먹이면 울지도 않고 잘 먹어요. 할머니를 너무 좋아해요. 그렇죠?"

"어머니, 애 약 먹이는 거 깜빡했을까 봐요"라고 핵심만 말하면 돌아오는 반응은 어떨까요?

"먹였다. 안 먹였을까 봐 전화했니? 그런 데 신경 쓰지 말고 네 일이나 잘해라."

어머니 입장에서 직설적인 확인과 안부 전화 끝에 묻는 확인은 다릅니다. '아이 약 먹일 시간에 어머니가 잘 먹였을까? 혹시 잊어버리고 안 먹였을 수도 있으니 전화로 알려 드려야겠다'고 생각한다면 어머니의 안부를 먼저 챙긴 뒤 당부하세요.

아이의 준비물에 관해 의논하세요

퇴근 후 아이의 통신문을 체크해 보니 준비물이 있습니다. 이런 날 하필 부부가 나란히 퇴근이 늦었고 문구점은 이미 문을 닫았습니다. 준비를 못한 아이는 동동거립니다.

"지금 이 밤에 어떻게 해? 도대체 넌 낮에 뭐했어? 엄마한테 전화라도 했어야지."

야속한 엄마의 말에 아이는 울고, 옆에서 듣던 할머니도 몸 둘 바를 모릅니다.

직인이 따로 있나요. 여느 때 같으면 아이와 가방을 열어 준비물도 확인하고 숙제도 봤을 할머니인데 오늘따라 다른 일들이 많아 미처 못 챙겼습니다. 아이를 키우다 보면 이렇게 설상가상일 때가 제법 생깁니다.

아이가 유치원이나 학교에서 돌아오면 할머니께 통신문을 보여 드리라고 알려 주고 준비물이나 행사 등을 챙기게 하세요. 어머니께 부탁드릴 때는 체크하듯 하지 말고 상냥하게 얘기하세요. 아이가 귀가했을 무렵에 "어머니, 목소리 듣고 싶어서 전화 드렸어요" 하며 아이의 준비물이나 숙제 등에 관심을 보이는 것도 방법입니다.

어떤 말이 아니라 '어떻게' 말씀 드리는가가 중요합니다. 아이가 등하원은 잘하는지, 다녀와서 할머니와는 잘 지내는지 아이에게 도움 줄 부분은 없는지 어머니를 믿고 의논하세요.

•

아이 스스로 챙기도록
도와주지 말 것도 의논하세요

손주를 잘 키우고 싶어서 숙제나 준비물 챙기기 등을 일일이 같이하며 챙겨 주는 할머니들이 있습니다. 너무 똑똑한 할머니 때문에 애가 완전히 '할마보이'가 되는 경우입니다.

보호자가 너무 유능하면 아이는 두 손 놓고 있게 됩니다. 할머니를 마치 자신의 손발인 양 부리는 '리모콘 차일드'는 스스로 하기보다 할머니를 부르는 것으로 모든 일을 해결합니다. 양육자는 아이를 잘 살펴보고 도움을 주어야 할 때와 그렇지 않을 때를 가려야 합니다.

아이를 지나치게 사랑하는 할머니는 문제가 될 수 있습니다. 만약 눈에 넣어도 안 아플 사랑스런 손주가 넘어질 세라 보행기만 태운다면 어떻게 될까요? 결국 아이의 걸음마를 늦되게 할 뿐입니다.

아이의 교육도 마찬가지입니다. 지나친 사랑은 늦되고 자립심 없는 무능한 아이, 버릇없는 아이로 키웁니다. 손주 육아에도 결핍 교육이 필요합니다.

매사 잘한다고 박수 받고 듬뿍 칭찬 듣는 손주는 사회성과 인성 발달이 촉진됩니다. 하지만 도가 지나치면 버릇없고 이기적인 아이가 되지요. 그 아슬아슬한 지점에 바로 '엄마'가 있습니다. 엄마는 무한 사랑을 주는 할머니와 받기만 하는 손주 사이에서 균형을 맞추는 역할을 해야 합니다. 둘 사이에서 건강한 '밀당'을 하세요.

때로는 할머니와 엄마의 '아이 도움 주기' 공조가 너무 잘 이루어져 부작용을 겪을 때도 있습니다. 둘이 양쪽에서 척척 알아서 해 주니 아이의 자조 능력 및 자립도가 떨어질 수 있고 스스로 할 수 있는 일에 자칫 무관심해 질 수 있습니다. 무엇을 어떻게 어디까지 해야 할 지 모르는 그야말로 무능한 아이가 될 수 있습니다. 도와줄 일과 도와주지 말아야 할 일을 구분하고 지혜로운 공조 전략을 세워야 합니다.

"어머니, 준비물 챙길 때 어머니가 직접 챙겨 주지 마시고 잘 챙기는지 옆에서 보기만 해 주세요. 숙제도 '어디 같이 해 보자' 하지 않으셔도 될 것 같아요. '숙제 다 하면 할머니한테 가져 오너라'고 해시 확인만 하시면 어떨까요?"

부탁을 드릴 때는 이렇게 구체적으로 이야기하는 것이 좋습니다. 부탁과 지시는 종잇장 한 장 차이입니다. 자칫 지시로 들리지 않도록 말투에 유념하면 말하는 바가 더 효과적으로 전달됩니다.

어머니와 내가 마주 앉아 아이에게 도움을 줄 부분과 스스로 하도록 할 부분에 대해 이야기를 나누면 '어머니가 알아서 해 주시겠지', '그건 애 엄마가 알아서 하겠지' 하는 갈등이 줄고 아이도 독립적으로 잘 자랍니다.

누구에게 맡기든 내 아이입니다. 아이를 어머니에게 맡긴 데는 분명 이유가 있을 거예요. 또한 아주 많은 생각 끝에 내린 결정일 것입니다. 최고의 효과를 거두기 위해서 무엇을 도와달라고 할지, 문제가 생겼다면 이야기를 어떻게 풀어갈지, 나에게도 어머니에게도 아이에게도 좋은 방법은 무엇일지, 주양육자인 어머니와 상의하세요.

어머니가 도울 부분과 내가 챙길 부분을 잘 구분하는 게 첫걸음입니다. 아이가 사각지대에 놓이지 않는 동시에 지나치게 의존적이 되지 않도록 지혜를 모아야 합니다.

따뜻한 한 마디

스스로 하는 아이로 만드는 '약속표'

아이의 일을 일일이 챙기는 할머니들의 손에 자란 아이는 자칫 뭐든 스스로 하지 않고 할머니만 의지합니다. 이럴 때 약속표를 만들어 보세요.

1 아이와 엄마가 함께 약속표를 만들고 할머니에게 내용을 알리세요

"어머니, 민지와 제가 약속표를 만들었어요. 민지가 이제부터 약속을 잘 지킬 건데 어머니께도 알려 드리려고요."

: 이를 통해 할머니와 엄마는 아이 교육에 일관성을 가질 수 있습니다.

2 아이에게 어떤 내용인지 얘기하도록 하세요

"민지가 할머니께 약속표 내용을 알려 드릴까?"

　: 아이가 할머니 앞에서도 잘 실천하라는 책임감을 느끼게 하는 과정
　　입니다. 약속표의 목록은 아이가 할 수 있는데 그동안 할머니가 해온
　　것들로 만들어야 효과적입니다.

3. 약속을 지키지 않을 때는 할머니가 엄마한테 알려 주기로 아이 앞에서 약속 하세요

"어머니, 민지가 약속을 잘 지킬 테지만 만약 지키지 못하면 제게 알려
주세요. 민지와 이야기를 나누어야 하거든요."

　: 할머니가 엄마한테 알려 주는 것이 이르는 것이 아니라고 아이에게
　　알려 주는 자리입니다.

4. 할머니와 엄마의 대화에 아이도 참여하며 의견을 말하게 하세요

"민지야, 혹시 할머니와 엄마한테 할 얘기 있으면 지금 해 볼까?"

　: 아이가 엄마와 사전에 의논해서 만든 약속표지만 이의는 없는지 물
　　어보세요. 얘기할 기회를 주면 아이의 실천력을 높일 수 있습니다.

5. 약속표 대로 실천을 잘했으면 스티커 등으로 보상하는 역할은 할머니가 하도록 하세요

"민지가 약속을 잘 지키면 할머니가 칭찬 스티커 주실 거죠?"

　: 반면 약속 이행을 안 했을 때는 엄마가 행동 수정하도록 역할을 맡으
　　세요. 할머니가 칭찬 스티커를 주는 역할을 맡으면 아이를 일일이 챙
　　겨 주는 역할에서 거리를 두게 됩니다.

엄마에게 필요한 말 공부

"어머니, 그렇게 하면 안 된다고 말씀드렸잖아요."
"어머니가 자꾸 그러니까 애가 말대꾸하죠."
"어머니는 다 좋으신데 애한테 너무 강압적으로 대하세요."
다 어머니 탓이라는 말입니다.

블록을 쌓으며 놀던 손주가 말합니다.
"할머니 때문에 망가졌잖아."
밥을 먹다가 반찬이 식탁으로 떨어지자 옆에서 도와주는 할머니에
게 이렇게 말합니다.
"할머니가 집어 주니까 그렇잖아. 할머니 때문에 못 먹었잖아."
같이 놀아 줘도 탓, 도와줘도 탓입니다.

관계를 부드럽게 하는 말, I – Message

엄마들에게 아이의 육아를 담당하는 할머니를 탓하는 말을 하지 말라고 하면 대부분의 엄마들은 "그런 적 없어요. 감히 어떻게 어머니를 가르쳐요?" 합니다.

그러나 이야기를 나누다 보면 You-Message(너 전달법)를 제법 많이 사용하고 있다는 걸 알게 됩니다. '당신'으로 이야기의 물꼬를 트는 너 전달법은 놀랍게도 '네 탓이오'로 들리기 쉽습니다.

내 탓이 아니라 어머니 탓이라면 관계가 부드러울 수 없습니다.

말을 할 때는 내용도 중요하지만 더 중요한 것은 '어떻게'입니다. 아이를 맡기면서 부탁할 이야기가 많겠지요. 어떻게 부탁하면 왜곡되지 않게 잘 전달할 수 있을까요?

세상 모든 관계를 부드럽게 하는 I-Message(나 전달법)를 생활화하면 좋겠습니다.

"어머니, 제 생각에는", "엄마, 내가 생각하기엔" 이렇게 나 전달법으로 마음을 전해 보세요. 사실 말은 상대 탓을 하려는 게 아니라 내 마음을 표현하고 싶은 것에서 시작됩니다. 형식이 바르면 내용이 훼손되지 않고 올바르게 전달됩니다.

"엄마도 참, 또 그러신다" 하지 말고 "엄마, 제 생각에는……"으로 고쳐 말하고 "어머니가 자꾸 그러니까 애가 말대꾸하죠" 하지 말고 "어머니, 제 생각에는 이렇게 하면 아이 말대꾸가 줄 거 같아요." 하세요.

"어머니는 다 좋으신데 애한테 너무 강압적으로 대하세요" 하지 말고 "어머니 잘하고 계시지만요. 제가 책에서 보니까 이런 식으로 하면 애들이 말을 더 잘 듣는대요"라고 말해 보세요.

이런 화법이 습관이 되면 아이의 언어 습관도 바뀝니다.

"엄마가 먼저 그랬잖아"

"너 때문이야."

아이의 말을 들으면 모든 잘못은 상대방으로부터 비롯된 겁니다. 일의 원인에 자신만 쏙 빼놓는 아이는 주체적이지 못합니다. 반면에 이런 아이들은 이기적인 발상과 발언에는 '나'를 앞세웁니다.

"내가 먼저."

"내 꺼야."

친구 탓하고 남 탓하는 아이는 친구들과 어울려 놀다가도 걸핏하면 문제를 일으킵니다. 아이에게도 나 전달법을 가르쳐 주세요. 가르치는 방법은 아주 쉽습니다. 부모가 먼저 보여 주고 들려 주세요.

●

나 – 때문에, 당신 – 덕분에

"나 전달법을 생각하다가 말할 시기를 놓치게 되면 어떡하나요?"

모든 상황에서 나 전달법을 사용하고자 하면 어려움이 있겠죠?

좀 더 쉽게 부드러운 관계로 만드는 방법이 있습니다.

'~때문에'를 사용할 문장에 '나'를 넣고 '~덕분에'를 사용할 문장에는 '너(당신)'를 넣으면 적절합니다.

"어머니 때문에 애가 응석받이가 됐잖아요"는 안 좋은 너 전달법의 예입니다. 상대 탓을 할 때 습관적으로 '너 때문에'를 사용해서 기분 나쁘게 하는 것이지요. 아이 버릇이 나빠질까 걱정되어 하는 이야기라 꼭 말씀드려야 한다면 "어머니, 너무 사랑만 해도 버릇없을 수 있대요"라고 객관적으로 이야기를 전하세요. 당신 탓이 아니라 전문가들의 의견이 그렇다더라 전하는 것이니 감정이 상하지 않고 부드럽게 전달될 것입니다.

감사의 표시나 '~덕분에'의 의미를 담을 때는 주저하지 말고 너 전달법을 활용하세요.

"어머니 덕분에 아이가 예의 바르다는 얘기를 많이 들어요."

"어머니 덕분에 제가 안심하고 직장에 다녀요."

놀랍게도 '~덕분에' 뒤에는 자연스럽게 '감사해요'가 따라옵니다.

"엄마 덕분에 난 정말 편하게 애 맡기고 하고 싶은 일 맘껏 하네요. 정말 감사해요."

이처럼 고마움을 표현하는 환경에서 자라는 아이는 감사를 표현하는 방법을 알게 되며 항상 남 탓보다 고마워할 일을 먼저 찾습니다.

혹시 지금 우리 아이가 '너 때문에, 아빠 때문에, 엄마 때문에, 할머니 때문에'라는 말을 입에 달고 있다면 아이 탓을 하지 말고 부모 스스로를 먼저 돌아보세요.

이것은 어머니의 손주 육아 부담을 덜어 주는 의미도 있습니다. 아이가 할머니를 무시하거나 할머니가 자신을 사랑하는 것을 알고 응석 부리는 표현으로 "할머니 때문이야"라는 말을 합니다. 아무리 손주가 어리니 이해하려고 해도 할머니 탓은 듣기에 참 서운합니다.

할머니 탓하는 아이의 언어 습관은 다른 또래 아이와 있을 때도 드러납니다. 탓하는 습관은 아이의 친구 관계 및 사회성에도 큰 영향을 미치니 어른들이 모범을 보이며 적절한 '나 전달법'과 '너 전달법'을 실천하세요.

'이왕이면'을 '그저'로 바꿔 말해 보세요

"엄마, 나도 힘들단 말이야. 나 아침 몇 시에 일어난 줄 알아? 다섯 시에 일어나서 종일 일하고 집에 온 거야."

집에 돌아와 엉망인 집 안을 보자니 모진 소리가 나옵니다. 그러나 친정 엄마도 힘들기는 매한가지입니다. 딸은 살림을 깔끔하게 하지만 엄마는 구석구석 신경 쓰는 스타일이 아닌데다 손주 육아까지 맡다 보니 앉을 새도 없이 하루를 보냅니다. 그래도 퇴근한 딸이 힘들까 살림을 한다고 하는데도 딸은 말끝마다 "엄마는 살림이……", "이왕 할 거 좀 제대로 해 주면 안 돼?"라며 친정 엄마의 야무지지 못한 살림 솜씨를 탓합니다.

친정 엄마가 살림이 손에 안 익어서 남들 한 시간 할 거 배로 하

...

"엄마, 그저 모든 게 감사해요."
"엄마가 계셔서 그저 감사해요."

시는데 왜 더 힘든 줄 모를까요. 딸만 다섯 시에 일어났나요. 집에서 삼십 분이나 떨어진 딸네 집에 일곱 시까지 오느라 다섯 시 전에 일어나 새벽 버스 타고 온 친정 엄마 생각을 왜 못 하나요.

"이왕 봐 주시는 거 생색 좀 안 내시면 좋겠어요."

어머니들이 자식에게 생색도 못 내면 어디에도 하소연할 데가 없습니다. 자식 흉보는 것 같고 누워 침 뱉기 같아 남한테 말도 못 합니다. 자식에게 푸념 몇 마디 하는 정도, 그런 생색 좀 받아 주면 안 될까요?

"이왕 하실 거 제 손 안 가게 제대로 해 주셨으면 좋겠어요."

현재 그만큼이 어머님이 하신 최선입니다. 대충 하시는 게 아니라 그게 할 수 있는 전부라고 이해해 주세요. 이왕 하실 거, 이왕 하실 거, 생각하면 욕심이 끝도 없습니다. 단연코 그건 나의 욕심입니다. 젊은 엄마가 키워도 육아를 제대로 하기란 쉽지 않아요. 육아는 시행착오며 실수의 연속이고 그때 내가 왜 그랬을까 후회를 동반하는 어려운 일입니다.

'이왕이면'을 '그저'로 바꾸어 말하세요. 많은 바람을 담아 욕심 부리는 마음이 '이왕이면'으로 표현됩니다. 모든 게 감사하고 황송할 따름이라는 고마움을 담은 말은 '그저'입니다. 자꾸 연습하고 사용하면 마음이 편안해지는 마법 같은 말입니다.

그저 모든 것이 마음먹기 나름입니다. 같은 일이 마음먹기에 따라 원망도 되고 감사도 됩니다. 어떤 마음을 가진 엄마가 아이에게 말끝마다 '이왕이면'을 붙이며 과도한 욕심을 부리고 생각에 못 미치면 신경질 내는 엄마와 그저 이만큼 해준 것에 매사 고마워하는 엄마. 어느 쪽이든 우리가 선택할 수 있습니다. 엄마의 선택에 따라 아이는 밝은 아이가 되기도 하고 불평 많은 아이가 되기도 합니다.

노년의 평온한 생활을 마다하고 아이를 맡아준 어머니입니다.

"엄마, 그저 모든 게 감사해요" 이보다 더 좋을 수 없는 말입니다.

"엄마가 계셔서 그저 감사해요" 무엇을 더 바라랴 싶습니다.

따뜻한 한 마디 1

작은 배려가
명품 관계를 만듭니다

1 I - Message는 상대에게 생각할 여유를 줍니다

"엄마, 이렇게 하는 게 좋을 것 같아." No!

: 아무리 부드러운 어투라도 가르치는 느낌이 들 수 있습니다.

"엄마, 내가 책에서 보니까" Yes!

: 객관적인 데이터에 의지해 의견을 전달하면 어머니가 거부감 없이 받아들입니다.

2 부탁의 말을 할 때도 순서가 있어요

어머니의 장점을 언급한다 → 부탁의 말을 한다 → 다시 어머니의 장점과 감사의 마음을 전한다

: "어머니는 어쩜 그렇게 아이 맘을 잘 헤아려 주세요. 정말 최고예요."

→ 그런데 할머니가 다 들어 주니까 아이가 스스로 하지 않고 할머니

한테만 의지하는 거 같아요. 이제 혼자 해 보라고 하는 건 어떨까요 →
어머니의 사랑을 듬뿍 받아서 그런지 자신감이 넘친다고 유치원 선생
님이 어머니 칭찬을 많이 하는 거 있죠. 정말 감사드려요. 어머니.”

3 말의 시작과 끝에 다정하게 호칭을 붙이세요

“어머니, 어떻게 만든 거예요? 정말 맛있어요. 가르쳐 주세요. 어머니.”

따뜻한 한 마디 2
‘이왕이면’을 ‘그저’로 바꿔 보세요

“이왕이면 잘 봐 주시지!”

　→ “그저 안전하게 봐 주시기만 해도 고맙습니다.”

“이왕이면 책도 읽어 주시지!”

　→ “책 안 읽어 주셔도 좋아요. 그저 저 없는 시간에 봐 주시기만 해도
　　감사합니다.”

“이왕이면 애랑 놀아도 주시지. 놀이가 중요하다는데.”

　→ “직접 놀아 주시지 않아도 좋아요. 그저 아이가 잘 놀 수 있게 주변
　　의 위험한 것만 치워 주세요.”

“이왕이면 이유식도 유기농으로, 간도 살짝 싱겁게 해 주시지!”

　→ “이유식은 제가 만들게요. 그저 만든 이유식 먹여 주시는 것만으로
　　도 감사드려요.”

“이왕 봐 주실 거 생색 좀 내지 마시지!”

　→ 그저 아이 봐 주시는 것만으로도 충분히 말씀할 자격이 있으세요.
　　고맙습니다.

“이왕 봐 주시는 거 다른 집 할머니들은 이렇게 저렇게 잘하신다는데!

　→ “어머님이 누구보다 제일 잘하세요. 그저 지금처럼만 해 주세요.

반어법으로
자꾸 아이 기를
죽이세요

"저녁 식탁에서 밥을 먹는데 어머니가 아이 머리를 쓰다듬으면서 '어이구, 우리 못난이 밥도 잘 먹네' 하시는 거예요. 이 말에 이제 세 살 먹은 딸이 삐쭉거리며 '나 못난이 아냐. 할머니가 바보야' 하며 큰 소리로 말하는 바람에 입 안에 있던 밥알이 반찬으로 다 튀었어요.
'저 봐. 저러니까 못난이지. 밥도 다 버리고 반찬도 버리고. 할머니한테 바보라고 하는 게 못난이지 뭐야. 으이구 못난이' 하시는데 자꾸 들으니 불편해요. 어머니는 손녀가 마냥 예뻐서 그러시겠지만 세 살배기가 뭐 아나요. 어머니 말씀이 매사 이러세요. 저 보고도 '애, 네 딸, 문화센터 가면 아무 것도 안 하고 가만히 있더라. 다른 애들은 이것저것 하느라 바쁜데 쟤는 아주 가만히 있기만 해. 그치? 나윤아, 할머니 말이 맞지? 그러니까 이제 문화센터 가지 말자. 알았지?' 이러면서 애 기죽이는 데 뭐 있으세요. 어떤 때는 애를 울리기도 하니까 정말 속상해요."

"'아이고 똥강아지, 우리 강아지. 아이고, 내 새끼'라는 말은 내가 늘 하던 건데 어느 날엔가 '어머니, 제가 그동안 말씀 안 드렸는데요. 그런 말 안 좋아요. 아이 성격에도 안 좋고요' 그러는 거예요. 그동안 참지 말고 그냥 말하지. 민망합니다. 그것도 아들 있는 데서 말하니까 좀 그래요."

우리 세대와 부모 세대의
아이 사랑 방식은 다릅니다

내 자식 흉보는 사람은 밉습니다. 아무리 어머니라도 예외는 아닙니다. 예뻐서 한 말인 줄 뻔히 알면서도 너무 자주 그러면 그 말 듣고 아이가 정말 기 죽는 것 같은 생각이 듭니다. 게다가 표현이 부족한 어머니일수록 불필요한 반어법이 많은 것이 사실입니다.

아이가 귀하고 예쁠수록 '아이고 못난이'를 이름 부르듯 했습니다. 반어법입니다. 아이가 실하게 몸무게가 나가도 아이를 안다가 무겁다고 말하면 꾸중을 합니다. 그러면 아이가 비쩍 마른다고 염려하십니다. 너무 귀한 대접을 받으면 아이가 그 반대로 해를 입을 수도 있다는 말이 전해져 가능하면 표시나지 않게 속으로 아이를 귀히 여기며 키웠던 것이 그 당시 육아법이었습니다. 아이들은 긍정적인 말을 들어야 자존감이 크게 형성된다고 가르치는 현대식 육아법과는 분명히 배치되는 정서입니다.

할머니는 아이 엉덩이를 두드리며 '못난이'를 말하니 어린 손주는 그 말의 이면을 파악하지 못하고 "나 못난이 아냐. 나 재윤이야. 할머니는 바보야"라고 대꾸합니다. 같은 자리에 있던 할아버지가 '할머니에게 바보가 뭐냐'며 혼을 내니 이를 지켜본 아들이 아버지께 한 마디 건의했다가 큰소리가 오갑니다. 애가 할머니한테 버릇없이 하는 건 안 보이고 자식 귀한 것만 안다며 서운하시다는 거지요. 아무리 동시대를 살고 있어도 부모가 살아온 시대와 우리가 사는 시대의 간격은 큽니다.

●

그럼에도 아이 앞에서 할머니를 민망 주지 마세요

"어머니, 애가 이제 세 살이에요. 못난이라는 말이 미운 말이라는 걸 아니까 할머니 바보라고 한 걸 가지고 왜 화를 내세요?"
맞는 말일지라도 아이 편에서만 이야기하는 것이 됩니다. 세 살이면 한창 말을 배우는 나이입니다. 아이마다 말에 대한 반응도 다른데 어느 아이는 똥강아지라고 하며 엉덩이를 두드려도 "할머니 좋아" 하는 아이도 있지요. 이는 상대와의 유대감과도 연관이 있습니다.

아이와 할머니의 유대감을 깊게 하려면 할머니를 아이 앞에서 깎아 내리면 안 됩니다. 할머니의 반어법에 대해 그 자리에서 바로 잡으려는 대신 아이가 할머니를 향해 한 무례한 말을 먼저 짚어야 합니다. "할머니 바보라는 말은 쓰면 안 돼. 할머니가 너 이쁘고 귀엽다고 쓰신 말이야" 하고 말해 아이를 설득하고 그 자리를 마무리합니다. 그런 말 하면 혼난다고 말하지 말고 그런 말을 하면 안 된다 정도로만 간단히 얘기하세요. 그리고 어머니께 별도의 시간을 내어 말씀드려야 합니다.

그 자리에서 아이를 나무라고 어머니를 가르치려는 실수를 하지 마세요. 나쁜 의미로 쓴 말이 아니기에 어머니는 당신이 뭘 잘못했는지 모를 수도 있습니다. 잘못을 지적하기보다 어떤 말을 어떻게 해야 손주와 소통이 잘 될지 알려 드리는 마음으로 접근해야 합니다.

●

반어법 사용하는 어머니께 이렇게 부탁하세요

반어법의 의미는 아이에게 제대로 전달되지 않습니다. 가급적 사용하지 않았으면 하는 바람이라면 어머니께 정중히 부탁드려 볼까요? 어머니도 이해하실 겁니다. 단, 정중하게 말씀드려야 합니다.

"어머니, 아이고 못난이라고 하시면요. 요맘때 아이들은 지가 정말 못난이인 줄 안대요. 우리는 정말 예뻐서 반대로 말하는 거잖아요. 근데 애들은 아직 반어법이 뭔지 몰라요. 그래서 어느 집에서는

할머니가 못난이라고 했다가 애가 할머니한테 못된 말을 하기도 한
대요. 애가 말귀 못 알아듣고 그런 말 할까 봐 걱정 돼요."

이런 정도의 부탁이면 어떨까요. 쌓아 놓지 마세요. 그때그때 일
일이 말하기가 어려워 몇 번 참고 참아 말했다가 더 큰 화가 됩니다.

"어머니, 제가 그동안 몇 번 참다가 말씀드리는 건데요."

이런 대화는 감정적으로 전달되기 쉬워요. 꼭 얼마나 잘못하는
지 지켜보다가 작정하고 말하는 것처럼 들려 기분이 나쁘거든요. 누
구든 자신의 잘못을 지적 받으면 당황하고 편치 않기에 좀 더 조심
스런 접근이 필요합니다. 더구나 어머니는 어른이고 내 아이를 맡아
주는 분이니 더 신중해야 겠지요.

어머니에게 어떻게 말씀드릴까요?

아이가 내게 어떤 반응을 보일 때가 좋았는지 떠올리는 방법이 도
움이 됩니다. 아무리 내 아이지만 따지듯 말할 때, 대들듯 말할 때, 엄
마의 잘못을 콕콕 짚어 말할 때는 기분이 좋지 않고 속상하잖아요.

잊지 마세요. 말할 때 엄마의 표정도 한몫합니다. 어머니의 마음
을 충분히 헤아려 드린다는 표정으로 부드럽게 미소 짓고 어머니를
불러 보세요.

"어머니, 손주가 예쁘니까 반대로 말씀하신 거죠?"

부드럽고 따뜻한 말투로 공손하게 말씀드리세요. 어떤 말도 곡해
되지 않고 전달될 것입니다.

부모의 반어법을 점검하세요

1 아이가 바람직하지 않은 행동을 했을 때

"잘~ 한다."

: 정말 잘했다고 칭찬한 것인가요?

→ "이런 행동은 해서는 안 돼. 왜냐하면 ~ 때문이야."

2 아이가 동생에게 장난감을 던졌을 때

"한 번만 더 던져 봐!"

: 정말 또 던지라는 의미인가요?

→ "던지면 안 돼. 동생이 다칠 수도 있어. 위험해."

3 아이가 밥을 식탁에 흐트러뜨릴 때

"계속 해 봐. 더 해 봐. 아주 혼날 줄 알아!"

: 더 하라는 건지 아닌지 아이는 혼란스럽습니다.

→ "밥 가지고 장난하면 안 돼. 먹고 싶지 않으면 먹지 않아도 돼."

4 장난감을 사 달라고 떼 부릴 때

"계속 울고 있어. 그치면 혼날 줄 알아. 알았지? 계속 울라니까!"

: 어른은 반어법을 이해할 수 있지만 유아에게는 어려운 화법입니다.

→ "울어도 들어 줄 수 없어"라고 정확하고 짧게 말하세요.

"제 앞에서는 정말 아이한테 잘하시거든요. 그런데 어느 날, '엄마, 할머니가 혼냈어. 그래서 울었어' 하는데 멍해지는 거예요. 그날 마침 직장에서도 힘들었는데 회의감이 들더라고요."

"엄마 없을 때 막 혼낸다는 아이 말을 들으면 정말 속상해요. 물론 아이 말을 다 믿는 건 아니지만 그래도 앤데 없는 말 지어내진 않을 거라고 생각해요."

"출근하다 현관에서 몇 분 정도 서 있게 돼요. 애가 울음을 안 그치면 어머니가 소리를 지르시는데 그릴 땐 애 말이 맞구나 싶어요. 불안하고 신뢰도 안 가고. 정말 어떻게 해야 할지 모르겠어요."

'낀 세대' 할머니의 존재감

아이의 말만 믿거나 어머니와 아이의 단편을 보고 전체를 보았다고 생각하면 아무리 혈연으로 맺어진 관계라 할지라도 불신만 깊어집니다. 불신하는 사람에게 내 소중한 아이를 맡기는 건 불행감만 높일 뿐입니다.

옛말에 참외밭을 지날 때 신발 끈을 고쳐 매지 말라고 했습니다. 오해 받을 일을 만들지 말라는 속담입니다. 이 속담의 관점을 바꾸면 참외밭에서 허리를 구부리고 있는 것을 본다고 해서 '저 사람이 참외를 몰래 따려는구나' 오해하면 안 된다는 의미이기도 합니다. 이렇게 해석을 해야 관계가 왜곡되지 않습니다.

우리 엄만 만날 야단만 친다, 우리 아빤 만날 술 먹고 와서 엄마한테 혼난다, 우리 엄마 아빠 만날 싸운다는 아이들이 있습니다. 이 말만 믿고 애들이 설마 거짓말을 하겠느냐 생각한다면 세상에는 온전한 부모는 없고 이상한 부모만 많습니다. 아이 말을 믿지 말라는 이야기가 아니라 아이 말만 믿지 말라는 이야기입니다. 특히 어머니에게 육아를 부탁하는 가정에서는 아이 말만 들어서도 안 되고 내가 보았다고 해도 전부를 본 것은 아닙니다. 어쩌다 지나다 보고 들은 이야기에 촉각을 곤두세우며 전부를 본 양 고민하지 마세요.

부모도 완벽할 수 없습니다. 내 뱃속에 열 달을 품고 산고의 고통을 견디고 낳아 애지중지 금이야 옥이야 키우는 부모도 아이를 혼내기도 하고, 아이에게 소리도 지르고, 감정적으로 대합니다. 어머니에게 완벽한 양육을 바라는 건 '구운 밤에서 싹 트기'를 바라는 것 아닐까요.

잘 짚어 보면 엄마들도 아이에게 소리 지르는 거 예사로 하지 않나요? 지금 밥 안 먹으면 못 먹는다고, 다음에 달라고 하면 안 준다고 한 적은 없나요? 그러려면 굶으라고 한 적은요? 너 때문에 못 산다고 한 적도 있을 거예요. 하지만 내가 할 때는 괜찮은데 어머니가 하면 거슬리지요.

일반적으로는 할머니, 엄마, 손주가 보통의 세대 서열이지만 손주 육아를 하는 할머니의 경우 아이와 엄마 사이에 '낀 세대'라는 것을 이해해야 문제를 해결할 수 있습니다. 할머니가 맨 윗세대라면 문제는 복잡하지 않은데 할머니가 사이에 끼어 있으니 문제가 복잡해집니다. 낀 세대 할머니는 억울한 일이 많을 수밖에 없습니다. 할머니의 자리를 낀 세대에서 원래의 자리로 복원시켜야 합니다. 그래야 아이가 할머니를 휘두르지 않고 할머니의 권위가 바로 세워지며 아이는 바르게 자랍니다.

할머니가 낀 세대의 자리에서 내려와 존재감을 가지려면 어떻게 해야 할까요? 아이가 할머니를 좋아하고 좋은 점을 찾을 수 있도록 기회를 많이 만들어 주어야 합니다.

할머니의 존재감은 부모가 만든다

"할머니는 먹지 마. 내가 다 먹을 거야."

민재는 엄마 아빠만 있으면 할머니에게 야박하게 구는 다섯 살 남자아이입니다.

이 고민을 상담했던 민재 엄마에게 혹시 '할머니가 민재와 둘이 있을 때 좀 심하게 대해서 민재가 할머니를 싫어하는 것 같지 않느냐'고 물어보았습니다. 민재 엄마의 대답은 전문가인 제게도 한 수 가르침이 되었습니다.

"선생님, 저라도 별 수 없어요. 애 키우면서 애 비위만 맞출 수 없는 거고 민재한테 맞춰 주면 애가 올바르게 자랄 수 없어요. 애도 아는 거래요. 부모가 눈앞에 있으면 부모만 믿고 할머니한테 못되게 구는 애들 있잖아요. 분명 할머니한테 그러는 게 부모 탓도 있다고 생각해요. 여기까진 알겠는데 그 뒤론 어떻게 해야 하는지 그게 좀 어려워서요."

민재 엄마는 아이 말만 믿고 할머니를 의심하는 엄마가 아니었고 긍정적인 생각을 가지고 있었습니다. 그래서 민재가 할머니를 대하는 방식을 고칠 '부부 공동 작전'을 쉽게 세울 수 있었습니다. 작전명은 '할머니 우대해 드리기'입니다. 할머니를 대접하는 작전이지요.

할머니 우대해 드리기 작전의 시작으로 밥상머리 예절부터 실천했습니다.

'어른이 수저를 먼저 든다.'

어떤 상황에서도 민재 부모는 '할머니부터, 할머니 먼저'를 실천했습니다. 식사 자리에서는 "어머니, 먼저 수저 드세요" 하고 간식 시간에도 "어머니 먼저 드세요" 했지요. 아이가 귀엽고 사랑스러워 먼저 주고 싶고 아이가 기다리는 시간을 못 견뎌 하는 것도 알지만 아이를 맡기는 입장에서 민재 부모는 할머니의 권위를 세워야 아이를 바로 세울 수 있다는 것에 동의했습니다. 처음엔 아이가 참지 못하고 먼저 먹는다고 해 힘이 들었습니다. 그럴 때마다 아이의 손을 잡으며 눈을 바라보았다고 합니다. 동시에 할머니의 동작도 빨라졌지요. 할머니가 먼저 수저를 들었고 얼른 간식 한 조각을 먼저 가져갔습니다. 아이가 너무 오래 기다리기는 어려우니까요.

"할머니, 어서 오세요. 간식이에요."

몇 주 지나지 않아 아이는 이렇게 먼저 할머니께 권합니다. 어느 날은 할머니가 손을 씻고 있는데 민재가 할머니를 모시러 화장실 앞에서 기다리고 있다가 손을 잡고 올 정도가 되었습니다.

할머니 대접하기 작전을 통해 부모는 아이의 인성에 중요한 '예절'과 '절제'를 가르쳐 줄 수 있었습니다. 이제 민재는 어른을 먼저 생각하고 존중하는 예절과 잠시 욕구를 참을 수 있는 질세력을 가진 아이가 되었습니다.

할머니에 대한 불안감과 불신을 접어 주고 오히려 더 기(氣)를 살려 드리고 존재감을 높이면 아이는 잘 성장할 수 있습니다. 또한 아이는 자존감 높은 할머니로부터 좋은 기와 영향을 받고 자랍니다. 위축된 자존감을 가진 할머니는 손주를 잘 키우고 싶어도 불가능합니다. 당신도 버거운데 어떻게 아이를 감당할 수 있겠어요.

오늘도 불안한 마음으로 할머니께 아이를 맡기고 온 엄마가 있나요? 안심하고 아이를 맡기고 싶다면 할머니 먼저 챙기고 대접하세요. 부메랑이 되어 아이에 대한 살뜰한 보살핌과 사랑으로 돌아올 거예요.

아이를 친정 엄마에게 맡긴 후 사사건건 부딪치는 바람에 직장에 사표를 낸 후배가 있습니다. 후배는 누구나 부러워할만한 전문직 종사자입니다. 친정 엄마에게 맡기는 데 갈등이 많다면 다른 대안을 찾자는 말도 그녀는 외면했습니다.

남들은 아이 맡아 줄 사람이 없어 고민인데 손주를 맡아 준다는 것도 친정 엄마가 먼저 제의했다고 합니다.

그런데 그때부터 두 모녀 사이 불화가 봇물처럼 더졌습니다. 누구도 상상하지 못한 일이었습니다. 겉으로 둘의 관계는 아무 문제가 없어 보였기 때문입니다.

그녀는 공주처럼 자랐습니다. 별명도 '깔끔 공주'였습니다. 그녀의 친정 엄마는 그녀를 키웠을 때처럼 손주의 입 주변을 닦느라 이유식 먹이는 데만 한 시간이 걸린다고 했습니다. 한 번 먹일 때마다 티슈로 입을 닦아 주기 때문이었습니다. 아이가 기어 다니면서는 보행기를 태웠습니다. 기어 다니면 무릎이 미워진다는 이유였습니다. 그녀는 친정 엄마를 볼 때마다 유별스럽다는 혼잣말이 자신도 모르게 나오더랍니다. 그것이 그녀를 더 힘들게 했습니다.

식탁에 무언가 엎지른 딸에게 엄마가 다가갑니다. 그리고 엄마는 팔을 들어 올립니다. 식탁을 치우려는 걸까요? 엄마는 아이의 뺨을 때립니다. 엄마의 표정이 서늘합니다. 그 서늘한 표정의 엄마에게 노년의 여성이 다가갑니다. 그리곤 말없이 안아 줍니다. 노년의 여성에게 참회의 표정이 보입니다. 이윽고 그녀는 말합니다.
"미안해."
프랑스 공익광고입니다. 자막은 이렇게 시사점을 던집니다.
'폭력은 대물림됩니다.'

진정으로 서로 이해하는 시간이 필요합니다

대물림되는 폭력에 관한 이야기를 하려는 것이 아닙니다. 마음속에 풀지 못한 채 내재된 무의식 속 응어리에 관한 이야기를 하려고 합니다.
　'이건 아냐. 엄마는 내가 어렸을 때도 그러더니 지금도 여전해. 그

런 모습을 보니 못 견디겠어.'

친정 엄마에게 아이를 맡기면서 매번 틀어지는 대화나 관계의 단절에는 우리가 인지하지 못했던 '내면아이'가 있습니다. 내면아이란 우리의 인격 중에서 가장 약하고 상처 받기 쉬운 감정입니다.

엄마께 꼭 드리고 싶었던 이야기, 풀고 싶은 이야기가 내면에 있는 한 아이를 맡겨도 편안할 수 없습니다. 그동안 나를 옭아맨 내면의 오래된 숙제를 풀어야만 엄마에게 내 아이를 온전히 맡길 수 있습니다.

심리 문제의 대물림 현상에 대해 프랑스 정신분석학자 세르주 티스롱은 말했습니다.

"부모 탓에 자기도 모르게 인성이 왜곡된 2세대 부모는 그 자녀에게 전체적으로 뒤틀린 거울 역할을 하는 셈이다. 손자 세대에 이르면 부모 세대와 동일한 장애가 나타나는데, 그 증세는 훨씬 심각하다. 이런 장애들의 공통적 특징은 외견상 아무 이유가 없어 보인다는 점이다."

비단 물리적인 폭력만 상처가 될까요? 폭력은 무관심과 방임 등의 정서적 학대가 더 심각하다고 합니다. 부모와 아이의 관계일 때의 자녀는 부모라는 울타리에서 보호받으며 부정적이든 긍정적이든 부모의 영향을 받아들여야 합니다. 방임이나 신체적 학대, 정서적 학대 등 부모로부터 받은 부정적인 경험은 부모와 아이의 관계에 영향을 미칩니다. 그리고 아이가 성인이 되면 내면아이로 자리잡습니다.

애 낳아 키워 보면 부모 맘 안다고, 말 안 해도 저절로 알게 되며 고마워하게 된다고들 하지요. 하지만 내면아이를 품고 있는 딸이라면 친정 엄마한테 아이 맡기고 오히려 관계가 더 안 좋아질 수 있습니다. 아이 키우다 보니 진심으로 친정 엄마와 대화를 나누고 싶고, 화해하고 싶다는 딸이 의외로 많습니다. 뭔지 모르지만 눈에 거슬리고, 지나칠 법한 것에도 신경 쓰고, 혹은 "그땐 왜 그러셨어요?" 하고 친정 엄마를 붙잡고 물어보고 싶은 말이 불쑥불쑥 생긴다면 아이를 맡기기 전에 엄마와 딸이 마주 앉아 진정으로 이해하는 시간이 필요합니다. 손주를 돌보는 엄마의 모습에서 어린 시절의 나를 대하던 엄마, 어려서 차마 말은 못했지만 이해할 수 없었던 엄마를 떠올린다면 아이를 편안한 마음으로 맡길 수 없습니다. 나도 모르게 친정 엄마를 향해 가슴 아픈 말을 할 수도 있고 후회하기를 반복합니다. 둘 사이에서 아이는 어리둥절하며 불안해 하고 엄마와 나의 관계는 걷잡을 수 없이 악화될 수도 있습니다.

●

딸과 친정 엄마는 서로가 거울로 보입니다

엄마와 나의 미묘한 갈등은 겉으로 잘 드러나지 않아 문제가 없는 듯 보이지만 그래서 자칫 곪을 수 있습니다. 아이를 맡기기 전에 친정 엄마와 나의 관계를 돌아봐야 합니다. 먼저 나 자신의 내면과 대화를 해야겠지요. 그리고 염려되는 것이라든지 친정 엄마께 부탁드릴 것은 미리 말씀드리는 게 좋습니다. 사후약방문처럼 문제가 이미 벌어진 뒤 말씀드리면 지적하고 간섭하는 일로 비쳐집니다. 또한 관계가 건강하지 않으면 말투도 부드럽지 않아 내용이 왜곡되어 전달될 수 있으니 조심해야 합니다. 이런 과정을 거쳤는데도 매번 눈에 거슬리고 지적할 일이 생긴다면 아직 내 마음에 앙금이 남아 있는 것일 수 있으니 차근차근 대면해야 합니다.

그런데 굳이 이 문제들을 끄집어낼 이유가 있을까요? 그것은 아픈 상처일 수도 있고, 묻어 두고 있었을 때는 괜찮았는데 끄집어 내니 더 큰 아픔일 수도 있는데 말입니다. 문제들은 과거의 일이고 지금은 다 큰 어른이 되어 가정을 꾸려 잘 살고 있는데도요?

그럼에도 꼭 대면하고 끄집어내야 합니다. 상처를 마주하는 일이 상처를 치유하는 첫걸음이기 때문입니다.

'깔끔 공주'라는 별명을 가진 후배가 가장 듣기 싫은 말이 '깔끔'이라고 합니다. 손을 자주 씻고, 손잡이를 잡을 때 손수건을 대고 잡는 등 어린 시절 내내 자신이 못마땅하게 생각했던 것들을 버리지도 못하고 아직도 그대로 하고 있으니 괴롭습니다. 게다가 아이에게 조금의 터럭이라도 묻을까 봐 전전긍긍하는 자신의 모습도 견디기 힘듭니다. 친정 엄마가 자신에게 그래 왔던 것처럼 손주에게도 그대로 하니 그간 느꼈던 답답함이 친정 엄마를 향한 분노로 표출되고 맙니다.

원망의 대물림을 끊고 아이를 맡기세요

가족 상담을 하다 보면 현재 자신이 친정 엄마와 비슷하게 살고 있다는 말을 많이 합니다. 어린 시절 엄마가 늘 시장을 데리고 다녔다는 딸은 지금 자신의 아이와도 마트에 자주 가고, 친정 엄마와는 함께 쇼핑도 잘한다고 하지요. 유년의 그 기억이 좋으니 반복해서 그 행동을 하며 행복감을 느끼는 겁니다. 이것은 '좋은 대물림'입니다.

반면 엄마가 사사건건 간섭했던 게 안 좋은 기억으로 남은 딸은 손주한테 바른 소리하는 엄마가 자꾸 잔소리하는 것으로 보여 견디기 힘듭니다. '나한테도 그러더니 또 애한테도'라는 생각이 드니 가슴속 싸매 둔 상처가 터지고 맙니다.

어렸을 때 통통하다는 말이 듣기 싫었던 딸이 엄마가 되어 친정 엄마에게 아이를 맡겼습니다. 엄마는 지극정성으로 손주에게 간식을 해서 주는데 감사는커녕 "그만 좀 먹여요. 애가 과체중이야" 하고 곱지 않은 말이 나오더랍니다.

평생 돈, 돈 하던 친정 엄마, 그런 엄마를 잘 알고 있는 딸은 "너는 애한테 뭘 그렇게 쏟아붓냐"고 할 때마다 "우리 때랑은 달라. 그리고 우리 벌이가 괜찮아. 이 정도는 문제없어요" 하고 웃으면서 받아넘겼습니다. 그런데 어느 날 엄마가 아이의 이유식거리를 보더니 "참 유별이다. 아무거나 먹이면 뭐 문제라고. 고생해 가며 번 돈을" 하시는데 딸이 갑자기 울분을 토로했다고 합니다.

“엄마는 내가 어렸을 때 매사 얼마나 위축된 줄 알아요? 갖고 싶은 물건 한 번 흔쾌히 사 주셨어요? 악착같이 공부해서 좋은 직장 왜 들어갔게요. 돈 벌어서 내 딸한테 이 정도는 할 수 있어요. 내 딸이 나처럼 크는 건 생각만 해도 끔찍하다고요.”

모진 말을 주고받는 엄마와 딸이라면 서로의 지난 시간을 되돌아볼 필요가 있습니다.

불행한 어린 시절을 겪으며 트라우마가 생긴 사람은 자신이 겪은 충격을 가족들에게 대물림합니다. 자기가 고통 받는 이유가 가정 또는 부모와 연관되어 있다는 생각을 하지만 명확하게 인지하지 못한 채 살아갑니다. 그러니까 원인은 확실하게 알지 못한 채 그냥 화가 나고 못마땅해 관계를 힘들게 하는 겁니다.

친정 엄마의 어떤 행동, 말투 혹은 태도 등이 자꾸 신경 쓰인다면 그 부분부터 풀어 나가야 합니다. 그것이 매듭입니다. 피하지 말고 대면해서 꼬여 있던 매듭을 풀다 보면 관계가 회복됩니다.

매듭을 푸는 방법은 의외로 간단합니다. 엄마와 많은 대화를 나누는 겁니다. 차 한잔 나누면서, 식사를 하면서, 둘이 걸으면서, 어떤 형태든 좋습니다. 그러다보면 이런서런 이야기 속에서 자연스럽게 물꼬가 트입니다. 성색하지 말고, 지나친 형식 갖추지 말고 마음속 이야기를 나누세요. 중요한 것은 그런 기억을 준 친정 엄마를 원망하는 게 아니라 이해하려는 마음입니다. 그러면 트라우마의 역전을 맞이합니다.

...

엄마와 딸이 마주 앉아 진정으로 이해하는 시간이 필요합니다.
손주를 돌보는 엄마의 모습에서 어린 시절의 나를 대하던 엄마, 어려서 차마 말은 못했지만
이해할 수 없었던 엄마를 떠올린다면 아이를 편안한 마음으로 맡길 수 없습니다.

어렸을 때 먹는 것에 지나치게 집착한 가족에 대해 트라우마가 있다면 건강 관리에 더 신경을 쓸 수 있습니다. 상처주는 말 때문에 괴로웠다면 대화할 때 누구보다 배려 있는 사람이 될 수 있습니다. 친정 부모님의 잦은 다툼이 힘들었다면 그때 힘들었던 엄마를 이해하고 현재 나의 부부 사이를 돌아보는 기회로 만들 수 있습니다.

엄마를 원망하면 엄마보다 더한 지경이 되는 딸이 되지만 엄마를 이해하고 타산지석으로 삼으면 트라우마가 역전을 맞이하며 치유되는 삶을 살 수 있습니다. 반드시 이 과정을 거친 뒤에 아이를 맡겨야 합니다.

오늘 친정 엄마를 들여다보고 이해하며 이런 말을 해 보세요.

"엄마, 탓해서 미안해."

"엄마, 그런 줄 모르고 오해해서 미안해."

내가 먼저 다가가서 친정 엄마를 안아 주면 어떨까요. 나의 내면의 상처를 보여 줄 용기를 낸다면 풀리지 않을 것 같은 매듭의 실마리가 보입니다.

마음속 깊은 상처를 꺼내는 일은 누구에게나 고통스럽습니다. 우리가 내면아이와 대면하는 이유는 상처 준 이를 원망하고 탓하기 위해서가 아닙니다. 서로 관계가 좋아지는 과정이라는 걸 잊지 마세요.

자식 키우면 부모 마음 안다는데 저는 왜 더 서운할까요?

"올 초에 애기 낳은 엄마예요. 애 키우는 게 힘들다고 듣기는 했지만 이 정도일 줄은 정말 몰랐어요. 지금까지 살면서 가장 힘든 일이 아닌가 싶네요. 물론 크는 재미에 그나마 즐겁게 버티고 있지만 백일까지는 아기가 예쁜 기억은 없고 하루하루 견디기만 했던 것 같아요.
근데 친정 엄마는 애 키우는 게 뭐가 그리 힘드냐, 남들 다 그렇게 키운다면서 서운한 말만 하세요. 조리원과 친정에서 산후조리하고 돌아와 너무 힘들기에 일주일에 한두 번 일하는 아주머니를 불렀거든요. 그랬더니 '너만 애 키우냐'며 제가 무슨 엄살이나 투정 부리는 걸로 몰아붙이시네요. 지금은 아줌마도 없이 육아와 집안일을 혼자 하려니 몸살이 날 것 같아요. '수고한다, 힘들지?' 하고 따뜻한 말 한 마디 해 주는 게 그리 어려우신지……."

"저는 모유 수유하는데요. 아기 백일까지 수유하면서 진짜 배고팠거든요. 체력이 떨어지니 밥해 먹기도 쉽지 않더라고요. 근데 친정 엄마가 오셔도 반찬이며 청소며 뭐하나 신경 써서 도와주신 기억이 나지 않아요. 제 주변에서는 친정 엄마가 수시로 드나들면서 이것저것 도와주신다던데 저희 엄마 주변에는 온통 혼자서 애 척척 키우는 사람들만 있다네요. 정말 애 키우면서 친정 엄마의 말 한 마디 행동 하나가 너무 서운합니다. 다른 엄마들도 이럴까요? 저는 애 키우면서 친정 엄마에게 고마움보다 서운함이 커요."

●

애 키우는 게 뭐가 힘드냐 묻는 친정 엄마

당연해요. 이런 상황이라면 친정 엄마한테 서운할 수 있어요. 서운한 것에 죄책감 갖지 말고 서운한 마음 맘껏 가지세요.
자식 낳아 기르면 부모 마음 헤아린다 하지만 아직은 아니예요. 부모 마음 헤아리기보다 내 발등에 떨어진 불이 뜨거워 끄느라 급급한 때가 바로 출산 후 1년이거든요. 자식 낳아 키우면서 부모님 마음 헤아리기엔 아직 때가 일러요.
"딸, 우리 딸. 아식도 엄마 눈에 아이처럼 어리기만 한데 이렇게 아기를 낳고 엄마 노릇하려니 힘들지? 엄마가 뭐 도와줄까?" 하시면 얼마나 좋을까요. 하지만 어머니마다 마음을 표현하는 방법이 다르고 말하는 방법도 다르니 딸에게 전하려는 마음이 제대로 전달되지 않습니다. 게다가 딸이 느끼기에 서운하고 속상하기까지 하니 더 문제지요. 딸의 입장에서는 출산 후 몸조리, 산후 체중 증가, 육아 등으로 심신이 무거운데 위로해 주어도 부족할 친정 엄마마저 냉정한 말만 콕콕 짚어 옳은 말씀하시니 눈물 나게 서운합니다.

하지만 친정 엄마도 안타까워서 하는 소리예요. 우리 부모님이 자녀를 향해 늘 얘기하시던 '다 너 잘되라고'입니다. 자녀 입장에서 들을 때는 싫은 소리인데 엄마들은 꼭 그런 말을 덧붙이잖아요. 관심과 사랑을 듬뿍 담은 말이란 건 의심의 여지가 없습니다.

힘들어 방황하는 고3 자녀에게 "너만 고3이야? 웬 유세를 그렇게 부리냐"고 했던 어느 학부모의 말이 생각납니다. 아이를 지켜보는 것만으로도 힘들고 안타까워 자녀의 고통을 위로한다고 한 말이었습니다. 하지만 가뜩이나 스트레스 지수 높았던 고3 아들이 심하게 대든 것은 불 보듯 뻔하지요.

"힘들지 아들. 조금만 참고 견디자. 얼마 안 남았어. 엄마가 대신할 수 없어 안타깝다."

이렇게 말해 주면 좋았으련만 안타까운 나머지 꺼낸 말이 "그러니까 진작부터 공부하지. 코앞에 닥쳐서 하려니 그렇게 힘들지. 엄마가 그렇게 공부하라고 할 땐 알아서 한다고 해 놓고"였다지요.

"애 키우는 게 뭐가 그리 힘드냐, 남들 다 그렇게 키운다."

이 마음을 헤아리지 못하면 부모의 말에 반감만 가지고 삐딱하게 지내는 사춘기 아이와 같습니다. 친정 엄마는 육아의 어려움을 이미 경험했고 딸을 대신할 수 없다는 걸 알기에 육아의 고충을 위로하고자 했던 말일 겁니다. 어머니의 마음은 애잔하고 아픈데 표현하는 말은 왜 이렇게 맘과 다른 말이 나오는지 모르겠습니다.

그렇다고 친정 엄마한테 표현법을 가르칠 수는 없잖아요. 부탁드린대도 친정 엄마 입장에서는 가르친다는 느낌을 지울 수 없습니다.

요즘은 많이 달라졌지만 과거 친정 엄마 세대는 말 표현에 익숙하지 않았어요. 그래서 친정 엄마는 '꼭 말로 해야 아냐'는 세대였기에 자식에게 하는 살가운 표현이 여전히 어색한 분들이 많아요. 친정 엄마 세대를 이해하고 마음을 헤아려보면 서운함도 덜 할 거예요.

•

따뜻한 말 한 마디, 내가 먼저 건네세요

친정 엄마로부터 듣고 싶은 위로의 말, 격려의 말이 있는데 듣지 못해 서운하고 화도 날 때가 있습니다. 하지만 친정 엄마의 성격상 하고 싶은 말을 쉽게 꺼내지 못하는 분들이 있을 거예요.

"엄마는 어떻게 그런 서운한 말만 골라 하세요?", "나 이렇게 힘든데 엄마가 위로 좀 해 주면 안 돼?" 하고 마음을 표현하는 것도 방법이시만 이 또한 어려울 겁니다. 내가 바뀌는 것도 힘든데 나보다 더 오래 사신 엄마를 바꾸는 것은 웬만해서는 쉽지 않지요. 내 마음을 허심단회하게 표현하되 거꾸로 내가 엄마한테 바라는 말을 대신하는 것은 어떨까요.

노산인데다 아기가 너무 까다로워서 산후 우울증까지 생긴 늦깎이 엄마가 눈물로 힘든 날들을 보내는데 친정 엄마가 마침 서운한 말을 해서 펑펑 울며 이렇게 말했답니다.

"엄마, 나 힘들단 말이야."

"힘들긴. 남들도 다 그렇게 키워. 엄마를 봐라. 하나도 아니고 여럿을 아무 말 않고 키웠다."

상담 후 쉽지는 않겠지만 화법을 바꾸라고 조언했고 늦깎이 엄마는 지혜롭게 실천했습니다. 젖몸살이 올 때는 "엄마, 엄마는 이걸 어떻게 견뎠어요? 우리 엄마 대단하셔" 하고, 아이가 걸으면서 이리 부딪치고 저리 부딪쳐 따라다니기 힘들어 몸살이 났을 때는 "엄마는 그때 할머니 모시고 살면서 어떻게 우리를 키우셨을까? 고마워요 엄마" 했다네요.

나중에 친정 엄마가 우시면서 이런 이야기를 하셨다고 합니다.

"늦게 아이 낳고 힘들어 하는데 도움도 못 되고 니 마음 단단해지라고 모진 소리만 했지? 우리 딸은 서운한 거 표도 안 내고 오히려 엄마한테 고맙다고 해 주니 이 엄마보다 훨씬 낫다."

마음으로는 딸이 안쓰럽고 안타깝지만 어떤 표현 방법이 좋은지 배운 적도 들은 적도 없는 분들입니다. 귀에 듣기 좋은 말로 위로 할 수 없을 뿐입니다. 그러니까 위로가 되는 말 대신 마음과 달리 쓴소리를 해서 모진 엄마가 되는 것이지요.

하지만 젊은 엄마들은 대화의 기법이나 소통의 방법을 잘 알고 있잖아요. 어떤 경우에 'I-Message(제 생각에는)'를, 어떤 경우에 'You-Message(당신 덕분에)'를 사용해야 하는지 알잖아요. 아는 만큼 실천하면 좋겠습니다.

친정 엄마와 주고받는 1인칭 화법, 2인칭 화법

1 친정 엄마를 녹이는 1인칭 화법

"엄마, 나 애 키우는 거 보면 답답하지? 나는 왜 엄마처럼 척척 못할까?"
: "별소리를 다한다. 그만하면 정말 잘하고 있는 거야. 처음 애 키우는데 당연히 쉽지 않지. 잘하고 있단다. 내 딸."

2 친정 엄마를 춤추게 하는 2인칭 화법

"엄마, 이렇게 힘든데 엄마는 어떻게 나를 이렇게 잘 키우셨어요?"
"엄마, 우리 키우는 것만도 힘드셨을 텐데 우리 엄마 대단하시다. 대가족 살림까지 하셨으니 완전 위대하시네."

3 친정 엄마를 멀어지게 하는 2인칭 화법

"엄마는 꼭 그렇게 말씀하시더라. 누가 다 그렇게 잘 키우는데요?"
"엄마, 나 이렇게 힘든데 하는 말마다 아픈 말만 하세요?"
"이럴 때 엄마가 도와주면 안 돼요? 다른 친구들 엄마는 집안일도 도와주고 반찬도 해다 주고 그런대요."

친정 엄마를 아프게 하는 말

후배의 친정 엄마는 아이를 정으로만 키워도 된다고 생각하는 분입니다. 책을 보면 눈이 아프다고 해서 후배는 육아서를 권하지도 못한다고 했습니다. 동창 모임에 가기 전까지만 해도 후배는 엄마가 아이를 봐주는 게 고맙기만 했지요.

동창 모임에서 만난 친구들이 전해 준 그들의 엄마는 하나같이 똑똑하고 교양이 넘치며 품위를 갖춰 손주 육아도 엄청 세련되게 하고 있었습니다. 화려하고 잘난 친구들의 친정 엄마들과 자신의 친정 엄마를 비교하니 그만 초라한 생각에 눈물이 났다고 합니다.

마음을 추스르고 집으로 돌아갔더니 친정 엄마와 아이는 거실 바닥에 뒹굴고 놀면서 난리법석입니다. 작은 상에 놓인 그릇엔 먹다 남긴 아이 밥이 보입니다. 후배는 자신도 모르게 퉁명스럽게 큰소리가 나왔답니다.

"엄마, 애한테 교육적으로 좀 하면 안 돼?"

"애들은 이렇게 놀아 주는 게 최고야. 너 어렸을 때랑 똑같아. 애가 노는 걸 얼마나 좋아하는지."

"나 때와 같아?"

"다른 거 뭐 있어. 애들은 그저 노는 게 최고지. 너 이렇게 키웠어도 잘만 컸다."

그런데 신나게 놀고 있던 일곱 살 먹은 아들이 엄마의 화를 돋우는 말을 합니다.

"엄마도 노는 거 좋아했어? 근데 왜 나한테는 못 놀게 해?"

너 이렇게 키웠어도 잘 컸다는 소리는 평소에도 여러 번 들었건만 가뜩이나 맘이 편치 않으니 이번엔 예사롭게 안 들립니다.

"내가 뭘? 내가 그렇게 잘 컸어? 내가 뭐 대단한데? 엄마, 그렇게 잘 키웠어?"

친정 엄마의 눈에서 순간 떨어지는 눈물……. 그날, 후배도 친정 엄마도 같이 울었습니다.

·

가까워서 조심하지 않는 말

유대인들은 일찍이 말의 가치를 알고 '대화'외 토론 교육인 '하브루타'로 자녀를 가르칩니다. 그들은 말하기가 인간이 가진 최고의 무기인 걸 알고 있습니다. 말의 중요성만큼 위험성도 잘 알기에 신중하게 말하도록 단속합니다.

'새장 밖으로 날아간 새는 잡을 수 있어도 입 밖으로 나간 말은 잡을 수 없다.'

그만큼 말은 신중하고 중요하게 해야 합니다.

공교롭게도 말로 상처를 주는 관계는 가장 가까운 사이입니다. 친정 엄마가 아이를 양육하면서 딸과 빚는 갈등의 대부분이 말로 인한 것입니다.

믿으니까, 내 맘 알아 주겠지, 가족에게나 할 수 있지 생각하고 말한 것이 화근일 때가 많습니다. 특히 친정 엄마와 나는 거리감이 느껴지지 않는 사이입니다. 할 말, 안 할 말 굳이 경계 둘 필요를 못 느낄 때도 있습니다.

'엄마인데 뭘, 이 정도야. 엄마한테 이런 말도 못하면……'

하지만 분명히 경계가 있어야 합니다. 가깝고 믿을 만한 사이여서 오히려 더 큰 아픔을 줄 수 있습니다.

앞의 사연 속 후배는 모임에서 친구들의 잘난 엄마의 이야기를 듣고 난 후 자신과 지극히 평범한 친정 엄마가 겹쳐져 상대적으로 초라해졌습니다. 급기야 엄마에게 해서는 안 될 말을 했지요.

"내가 뭘? 내가 그렇게 잘 컸어? 내가 뭐 대단한데? 엄마, 그렇게 잘 키웠어?"

이 말은 친정 엄마들에게 큰 상처를 주는 말입니다.

생각해 보세요. 부모는 자녀가 잘 커서 성공한 것이 가장 큰 영광입니다. 그런데 엄마 앞에서 대놓고 자신이 못 컸다고 합니다. 이보다 더 눈물 나게 하는 말이 또 있을까요.

자신을 잘 못 키웠다는 말은 부모를 단도직입적으로 공격하는 말입니다. 자식이 부모를 원망하는 말 가운데 가장 아픈 말을 손주 앞에서 들은 친정 엄마는 하늘이 무너지는 충격을 받았을 겁니다.

엄마의 말 속에 숨은 속내를 읽어 주세요. '너도 그렇게 키웠다'는 건 '엄마도 지금 잘하는 거니까 잔소리 좀 그만 하라'는 의미가 아닙니다.

"너 이렇게 키웠어도 잘만 컸다"고 하시지만 속으로는 '내가 요즘 육아법을 몰라서 미안하다. 하지만 이해 좀 해 주련. 너도 그렇게 키웠는데 잘 자랐잖니? 나는 네가 자랑스럽단다'라고 말씀하시는 걸 읽어 주세요.

"내가 그렇게 잘 컸어? 내가 뭐 대단한데?" 하고 대꾸하면 어머니는 속으로 울면서 이렇게 말씀하실 겁니다. '네가 어때서? 엄마한테는 네가 자랑이자 훈장인데……'

혜민 스님의 칼럼이 떠오릅니다. 병방 있는 스님도 아버지가 편찮으시다고 하면서 병원에 가지 않은 걸 확인하곤 퉁명스런 말로 다그치게 된다고 합니다. 그러고는 후회한다지요. 공감이 되어 미소를 띠고 글을 읽는데 스님이 칼럼의 마지막에 고백합니다.

'아버지, 저를 자존감 높은 아들로 키워 주셔서 감사합니다.'

...

사랑, 어떻게 전하면 좋을까요. 언제 어떻게 무슨 말로 표현할까요.
고마운 마음, 사랑의 표현은 아끼지 말아야 합니다. 멋쩍어서 못하고, 나중에 해야지 하고
아끼다 보면 정말 할 수 없어집니다. 사랑의 표현도 분명 습관입니다.

가슴이 뭉클합니다. 이 글을 읽은 스님의 아버지는 어떤 마음일까요. 세상의 온갖 보람을 다 껴안은 기쁨을 느낄 것입니다. 세상 모든 부모님이 듣고 싶은 말 중 최고는 자녀가 잘 컸다는 말입니다. 부모님은 자녀의 앞길이 어렵지 않고 세상 온갖 복을 누리고 살기를 간절히 바랍니다.

그런 소망으로 가득한 부모님이 가장 듣고 싶은 말을 우리가 해 드리면 어떨까요?

당신의 자식인 내가 잘 컸다는 말, 그 말은 당신이 잘 키우셨다는 감사의 말이고 당신의 자식이 이 세상에서 잘 살아간다는 영광스런 말입니다.

"엄마, 나 참 잘 컸지? 누가 키웠기에 이렇게 잘 큰 거지? 엄마 고마워요. 잘 키워 주셔서."

●

마음을 헤아리는 방법, 행간 읽기

"엄마, 친구 엄마들은 손주 데리고 문화센터에도 가고 책도 읽고 인터넷 검색도 하며 육아 정보 모은다는데. 엄마도 책도 읽으시고 문화센터도 다니시고 그래요."

"넌, 엄마가 아직도 젊은 줄 아니? 책 읽는 거 눈이 아프다고 몇 번 얘기했는데도 자꾸 그러니?"

"엄마, 엄마 나이 엄청 젊으신 거거든. 요즘엔 0.7 곱한다니까 엄마 나이 육십에 곱하면 지금이 마흔 둘이라고요. 다른 엄마들처럼 좀 젊게 살아. 늙었다, 눈 아프다, 너도 늙어 봐라, 그런 얘기 듣기 좀 그래.”

“엄마도 늙은 게 자랑은 아니야. 그렇지만 늙은 걸 자랑하려고 그러는 게 아니라 이해해 달라는 얘기인 거 너도 알잖아. 엄마도 늙는 거 싫어. 그런데 책 보고 컴퓨터 화면 보려면 문득 나이가 느껴지는 건 어쩔 수 없잖니.”

“엄마한테 애 맡기고 나도 늘 미안하고 그래요. 그런데 엄마랑 이렇게 부딪칠 줄은 몰랐어. 제가 부족하기는 한데 엄마도 나를 이해해 주세요.”

“……”

어머니는 속으로 이렇게 말씀하실 겁니다.

‘애야. 엄마가 부족해서 미안해. 손주 더 잘 키우고 싶은데 제대로 못하는 것 같아서…… 엄마가 다 잘해야 하는데, 미안해.’

어머니들의 행간 읽기(속내 읽기)를 하면 뭉클합니다. 자식 사랑이야 세계 최고인 대한민국의 엄마들. 그 자식이 낳은 손주를 맡으니 ‘내리사랑’이라 잘 키우고 싶은 욕심이 크지만 몸이 따라 주지 않습니다. 또한 육아법이 예전과 다르니 최선을 다하지만 빈번하게 부족함이 보여 아이 맡긴 ‘내 자식’과 뜻하지 않게 부딪칩니다. 불편한 맘이야 이루 형언할 수 없습니다.

이런 어머니들의 마음이 때때로 ‘억지’로 표현되기도 하지요. 그래서 억지의 이면에 숨겨진 행간 읽기가 필요합니다. 그것이 마음 읽기, 마음 헤아려 드리기입니다. 행간 읽기를 못할 때 어머니들의 입에서 뜻하지 않은 말이 툭 튀어나옵니다.

“그렇게 잘하면 네가 해라.”

“그렇게 잘 키우면 네가 키워라.”

어머니의 마음을 읽어 드리는 방법 가운데 권장할 만한 것은 설령 부모님이 억지스런 말을 하더라도 되받아치지 않는 것입니다. 그리고 잠시만 숨 고르고 생각해 보면 어머니의 입장이 이해됩니다. 잘하고 싶은데 마음처럼 되지 않는 어머니의 속내가 때로는 푸념과 억지로 표현되는 것이니까요.

애 낳고 키우면서 부모의 마음을 자연스레 알게 되지만 조심스럽고 따뜻하게 엄마를 들여다보지 않으면 행간 읽기는 쉽지 않습니다. 내 아이의 마음을 읽는 만큼 어머니의 마음을 들여다보세요. 어머니와 나 사이에서 행간 읽기가 잘 되면 사랑과 감사의 표현이 저절로 나옵니다. 설령 행간을 읽지 못한다면 예쁘게 말하는 습관을 들이는 것도 좋은 방법입니다.

고맙다고 말할수록 고마움은 커집니다

‘울리지 않는 종은 종이 아니고 표현하지 않는 사랑은 사랑이 아니다.’

어느 시인의 말이 생각납니다. 사랑, 어떻게 전하면 좋을까요. 언제 어떻게 무슨 말로 표현할까요. 고마운 마음, 사랑의 표현은 아끼지 말아야 합니다. 멋쩍어서 못하고, 나중에 해야지 하고 아끼다 보면 정말 할 수 없어집니다. 사랑의 표현도 분명 습관입니다.

'굳이 안 해도 다 아시겠지' 생각하지만 사랑은 표현하면 더 커집니다. 말은 내 마음속을 어머니께 전하는 운반 도구입니다. 어머니께 마음속 사랑을 보여 주세요.

"엄마, 정말 감사해요. 엄마는 제 기쁨이에요."

행복해서 웃는 게 아니라 웃어서 행복하다는 말을 응용하면 좋겠습니다. 감사하다고 말하다 보면 감사한 마음이 커지고, 사랑한다고 말하다 보면 사랑이 더 커질 테니까요.

따뜻한 한 마디 1

어머니를 기쁘게 하는 말

1 어머니를 안아 드리며 하는 말

"엄마, 잘 키워 주셔서 감사해요."

"어머니, ○○엄마(○○아빠) 잘 키워 주셔서 감사해요."

2 아이를 부탁하며 하는 말

"엄마, 손주는 나만큼만 키워 줘. 그럼 최고로 잘 키우는 거지. 다른 건 바라지도 않아요. 저만큼 만요."

"어머니, ○○엄마(○○아빠)만큼만 키워 주세요. 그럼 최고로 잘 키우시는 거예요. 더 안 바라요."

3 매일 해도 좋은 말

"감사해요. 엄마."

"정말 감동이에요. 어머니."

"어떻게 이런 맛을 낼 수 있죠? 환상이에요."

"어머니는 정말 못하시는 게 없으세요."

"왜 나는 엄마만큼 안 되지? 우리 엄마 솜씨 정말 대단해."

따뜻한 한 마디 2

어머니를 아프게 하는 말

1 가슴에 못 박는 말

"엄마는 나 키울 때도 그러시더니 여전히 그 습관 못 버리시네."

2 가르치려는 말

"꼭 그러시더라. 그렇게 하면 안 되세요."

3 비교하는 말

"엄마, 내 친구 ○○알지? 걔네 엄마는……."

4 손주 앞에서 망신 주는 말

"엄만 애랑 싸우기는……. 애가 뭘 알아. 엄마나 애나 아주 똑같아."

5 공치사 하는 말

"엄마, 내가 엄마한테 못한 게 뭐 있어. 내 수준에서 한다고 한 건데 엄마는 그것도 몰라 주고."

세   번째

교육도 놓칠 수 없는
엄마에게

‘모두 다 맡기지 마세요,
내 아이입니다’

엄마, 아이 스스로 놀게 이끌어 주세요

"선생님, 친정 엄마가 아이를 맡으면서 정말 여러 가지로 좋은데요. 앉으면 눕고 싶은 마음이 든다고 아이 교육 부분까지 챙겨 주시면 좋겠다 싶어요. 아직 아이가 네 살이라 급한 건 아니지만 그래도 내 년이면 유치원도 가니까요. 선생님 강의 들으면서 아이 교육은 부모가 해 주는 것이 좋다는 걸 배웠지만 내심 엄마가 이 정도 교육은 해 주시면 안 될까 생각하게 돼요.

한글 교육까지는 아니더라도 저는 노는 것도 아이에게는 공부라고 생각하는데 저희 엄마는 애가 놀면 애보다 더 신이 나 하세요. 아이가 잘 놀도록 해 주셔야 하는데 아이와 똑같이 노시는 거예요. 어느 날은 아이가 '할머니 저리 가' 하고 짜증을 내기에. '엄마, 애가 귀찮다잖아' 했더니 귀밑까지 빨개지시는 거예요. '아차' 싶었어요. 애 앞

에서 그렇게 말하면 안되는데 다음에 또 이런 상황이 되면 어떡하
죠?"

●

조언, 비판, 비난의 말은
때와 장소를 가려야 합니다

친정 엄마가 아이와 다니며 간판 글자를 열심히 읽어 주시더니 이
제 겨우 다섯 살인데 한글을 줄줄이 읽는다는 친구의 자식 자랑이
부럽기만 합니다.

'우리 엄마도 손주랑 놀이 삼아 간판 글자 읽어 주며 자연스럽게
한글도 떼어 주었으면…… 아이랑 계단 오르내리며 숫자 개념도 알
게 해 주셨으면…… 동화 구연가처럼은 아니더라도 아이가 책을 즐
겁게 여길 수 있도록 재밌게 읽어 주셨으면……'

처음엔 아이를 맡아만 주셔도 감사하겠다는 마음이었지만 시간
이 지날수록 이런저런 바람이 생겨 부탁을 드리게 됩니다. 고마운
마음도 잠깐, 이제는 친정 엄마의 지나친 열정이 문제가 됩니다. 애
보다 의욕이 넘치는 할머니를 아이가 귀찮게 생각하는 거지요. 예상
치 못한 부작용입니다.

잘해도 걱정, 안 해주면 불만입니다.

손주를 맡는 어머니나 아이를 맡기는 엄마나 넘치지도 부족하지도
않게 하기란 생각만큼 쉽지 않습니다.

“엄마, 애가 귀찮다잖아.”

사실을 말했다고 하더라도 듣는 어머니는 귀밑까지 빨개질 수 있는 말입니다. 아이에게 기질이 있듯 어머니도 기질이 있습니다. 웬만한 말에도 불편해하지 않는 분이 있고, 별말 아닌 것에도 가슴 밑바닥까지 쓸어내리는 분이 있습니다.

좋은 말은 어떤 기질의 사람에게도 거를 필요가 없습니다. 좋은 말은 크게 할수록, 사람이 많을 때 할수록 좋지요. 기질 불문입니다. 하지만 조언이나 비판, 비난의 말 혹은 비난처럼 들리는 말은 때와 장소를 가려야 합니다. 아이의 경우에도 비난은 작은 소리로 아이 혼자 있을 때, 칭찬은 크게 여럿이 있을 때 하는 게 좋습니다. 하물며 어른의 경우입니다. 손주 앞에서 ‘꾸중을 하는 듯한 말’을 하는 것은 삼가고 조심해야 합니다.

“가만 보면 엄마가 노는 것 같다니까. 그러니까 애가 귀찮다고 매번 ‘할머니 저리 가’ 그러지.”

“저는 무심코 한 말이었어요. 애가 짜증을 내니까 애 편 살짝 들어준다는 게 그만. 그리고 덧붙여 한껏 교육적인 체까지 했으니 엎친 데 덮친 격이었죠.”

“엄마, 애 노는데 자꾸 개입하면 애 창의성도 죽고 의존적인 성격이 된다니까. 애 노는데 계속 이래라저래라 하니까 애가 할머니 시키는 대로만 하잖아. 자꾸 ‘할머니, 그다음엔 어떻게 해?’ 하고 묻기만 하잖아. 그게 바로 ‘할마보이’지. 안 그래요?”

무심코 시작한 말이 애 앞에서 일장연설이 되었습니다. 놀고 있던 애는 할머니랑 엄마를 번갈아 보다가 시무룩해졌지요. 어머니는 말 없이 일어나서 방으로 들어가 버렸고 며칠 동안 집안 분위기는 좋을 리 없었습니다.

아이의 놀이에 개입해야 할 때와 지켜봐야 할 때를 구별하는 것은 필요합니다. 사연 속 엄마는 내 아이의 발달과 놀이의 교육적 효과를 위해 친정 엄마에게 너무 개입하지 말아 달라는 걸 부탁하고 싶었겠지요. 하지만 방법을 달리했으면 더 좋았을 겁니다.

같은 상황이라도 말하는 방법에 따라 불화로 이어지기도 하고 서로를 이해하고 대화의 소재가 되기도 합니다. 하고 싶은 얘기, 정말 누가 들어도 옳은 소리라 할지라도 어른을 가르치려는 방식으로 접근하면 백전백패입니다. 부탁의 형식으로 하되 조금만 신경을 써서 얘기해 주세요. 말을 꺼내기 전에 꼭 어머니의 입장에서 생각하는 시간을 가지세요.

손주 앞에서 할머니의 권위를 세워 주세요

손주 앞에서 할머니의 단점이나 고칠 점을 언급하는 건 그 내용의 직절성과는 별개입니다. 옳은 말이든 틀린 말이든 상관없이 조심해야 합니다.

아이는 자신이 존중하고 존경하는 사람의 말을 잘 듣습니다. 사랑하는 사람의 말은 잘 듣지만 때로 응석을 부리느라 버릇없이 굴기도 하지요. 하지만 존경하는 분의 말은 제법 잘 듣습니다. 그래서 아이 앞에서 주양육자인 할머니를 존중하는 일은 무척 중요합니다. 권위를 세워 드려야 한다는 말이 더 정확할 것 같습니다.

이것은 권위주의와는 다릅니다. 할머니 스스로 권위를 세우려고 한다면 권위주의지만 주변의 사람들이 할머니의 권위를 세워 주면 권위 있는 할머니가 됩니다. 아이가 어려도 엄마와 아빠가 할머니를 존중하고 존경하는 분위기는 충분히 감지합니다.

"할머니를 존중해야지" 하지 않아도 됩니다. 유아기 아이는 존중하는 방법을 구체적으로는 모르지만 분위기로 아니까요. 아이는 할머니를 좋아하기 때문에 존중까지 하면 말 그대로 '말 잘 듣는 손주'가 됩니다. 복종한다는 뜻이 아닙니다. 순종하는 아이가 되는 겁니다. 그래야 할머니도 수월하고 아이도 행복한 바람직한 손주 육아가 이뤄집니다.

그러려면 엄마가 아이 앞에서 할머니를 나무라지 않아야 합니다. 별 뜻 없이 말했다 해도 아이 앞에서는 할머니를 가르치는 것이 되고 지적한 것이 됩니다. 다행히 할머니가 "알았다. 조심하마" 해도 분위기는 싸해집니다. 자식에게 지적 받을 때 순간적으로 '쿨 하기'가 쉽지 않습니다.

그렇다고 "너, 할머니가 같이 놀아 주는데 할머니 저리 가라는 게 뭐야. 잘못했다고 말씀 드려" 하며 아이를 꾸중하는 것도 바람직하지

...

아이에게 기질이 있듯 어머니도 기질이 있습니다.
웬만한 말에도 불편해하지 않는 분이 있고,
별말 아닌 것에도 가슴 밑바닥까지 쓸어내리는 분이 있습니다.
주언이나 비핀, 비닌의 밀 혹은 비난처럼 늘리는 말은 때와 장소를 가려야 합니다.

않습니다. 아이는 할머니 앞에서 민망하고, 할머니 때문에 자기가 혼났다고 생각해서 "할머니 미워"라는 말이 나오기 십상이니까요.

그럼 어떻게 하면 좋을까요?

부모 교육에서 만난 엄마의 현명한 방법을 소개합니다.

"엄마, 저 좀 잠깐 봬요."

이렇게 존댓말을 사용해 상냥하게 말한 후 아이가 없는 곳으로 가서 친정 엄마를 껴안으며 최대한 밝은 표정으로 부탁드렸다고 합니다.

"엄마, 애가 놀 때 있죠. 애가 원할 때 놀아 주는 게 좋대요. 이거 이렇게 해 봐, 저건 저렇게 해야지 그러면 애가 괜히 할머니 트집 잡고 그런대요. 친구 애가 블록 쌓기 놀이를 하는데 할머니가 보기엔 아슬아슬 무너질 것 같더래. 옆에서 잡아 주어도 그만 블록이 쏟아져 내렸겠지. 근데 친구가 애 반응에 너무 놀랐대. 울고불고 난리를 치며 '할머니가 만져서 망쳤다'고 고래고래 소리를 질러서. 웃기죠. 애들이 정말 남 탓하기 선수잖아. 저밖에 모르고."

이 정도로 말했는데도 못 알아듣는 어머니가 있을까요. 관계를 잘 지키고 상대를 힘나게 하는 지혜로운 딸이 되세요.

자칫 지적이 되고 어른 가르친다는 느낌이 드는 이야기도 이렇게 말하면 설득 당하지 않을 수 없을 거예요.

부탁을 하기 전에 미소를 보이세요

"엄마, 애가 '할머니 도와주세요. 같이 놀아 주세요' 요청하면 그때 놀이에 개입해 주세요"라는 부탁을 하고 싶은가요?

아이를 맡기면서 하고 싶은 말도 아이를 더 잘 키우고 싶어서 부탁드리고 싶은 말도 참 많지요.

부탁을 하기 전 어머니에 대한 나의 마음을 먼저 가다듬으면 좋겠습니다. 마음은 얼굴 표정에서 드러납니다.

늘 어머니를 존중하면서 환한 표정으로 미소 지어 보세요. 아이 잘 키우고 싶은 마음은 내 어머니도 마찬가지입니다.

"엄마~"

"어머니~"

부르기만 해도 고개 끄덕이며 공감하는 두 분이 되었으면 좋겠습니다.

"'우리 소운이는 참 밥도 잘 먹네요. 꼭꼭 씹어 먹기 잘하는 잘먹기 대장이네요.'

제가 한 마디 하자 아들이 밥을 더 꼭꼭 씹어 먹는 거예요. 옆에 계신 어머니가 '그렇지. 우리 소운이가 얼마나 착한 손주인데요. 할머니랑 먹을 때도 밥 잘 먹고 떼도 안 부려요. 그렇죠?' 하니까 아들이 "네" 그러는 거예요. 반말하던 애가 존댓말도 써 가며 더 잘 먹는 거 있죠. 어머니랑 저랑 윙크를 해 가며 서로 웃었어요. 제가 얼마 전에 교육은 어른들이 먼저 조화를 이루고 일관되게 해야 한다고 어머니께 말씀드렸거든요.

사실 제가 밥 잘 안 먹는 애 달래고 어르느라 '우리 소운이는 밥도 잘 먹어요' 그러면, 어머니가 '그러긴 뭐가 그러냐. 나랑 먹을 땐 내가 다 먹여 줘야 한다. 애가 왜 그렇게 먹는 게 까다로운지. 그래 안 그래, 소운이?' 해서 아이가 그나마 억지로 먹던 밥도 안 먹고 숟가락을 집어던졌거든요. 할머니한테 혼나고 난리였죠."

칭찬도 죽이 척척 맞아야 합니다

"어머니, 부탁드리려고요."

소운이 엄마는 고민만하던 끝에 어렵다는 듯 운을 뗐습니다. '이제 시어머니와 함께 생활한 지 5년이 넘었으니 어머니 비위 맞추는 것은 당연한 거야'라고 생각하면서요. 어머니가 자의식이 강해 때때로 말이 안 통할 때도 있지만 그동안 터득한 노하우로 나를 내세우기보다 어머니 위주로 이해하며 다가가야 소통하기 쉽다는 것을 알고 있기 때문입니다. 게다가 어머니께 전적으로 양육을 부탁하는 마당이니 자칫 심기를 건드리면 문제가 됩니다.

"어머니, 소운이가 밥 잘 안 먹고 어머니가 먹여 주어야 좋아하잖아요. 이 버릇을 고쳐야 유치원에 가서도 적응을 잘할 것 같아서 어머니랑 제가 공동 작전을 벌이면 이떨까 해요. 어머니 생각은 어떠세요?"

"그건 그렇지. 얘, 말로 다 못한다."

사실 그동안 어머니는 아이가 밥 질 안 먹는 것이 걱정 돼 여러 차례 얘기를 했습니다. 그럴 때마다 소운이는 할머니가 엄마한테 제

잘못을 이르는 것으로 생각하고 "할머니 미워" 하며 여러 차례 토라지기도 했고요.

　시어머니의 하소연이 한참 이어졌습니다. 소운이 엄마는 고개를 끄덕이고 '그러니 얼마나 어려우셨냐'며 추임새도 넣으면서 경청했습니다. 그 이후로는 말이 잘 통했습니다. 소운이 엄마는 손주 육아로 힘든 어머니의 애로사항을 해소하기 위한 자리를 자주 마련했습니다.

　둘의 공동 작전이 시작되었지요. 엄마가 밥 잘 먹는다고 칭찬할 때 할머니도 짐짓 모른 척 칭찬하는 것으로 의견을 모았습니다. 다행히 시어머니가 며느리의 이야기를 들으신 후 '사실대로 말하는 게 최선이 아닐 수도 있는 거지'라며 현명한 말씀을 하셨다네요.

●

'말해봤자 소용없어'라는 생각은 금물

아이를 맡기면서 어머니와 생기는 갈등을 풀고자 여러 번 대화를 했지만 고쳐지지 않으니 갈등의 골만 더 깊어진다고 합니다. 이 시기를 지나면 '말해봤자'라는 생각이 고착됩니다. 관계는 더 비틀어지고 꼬입니다. 매사 부딪치고 힘들어집니다.

　아이에게 잔소리할 때도 마찬가지입니다. '내가 너랑 한두 번이니? 말해 봤자 또 어느 집 강아지가 짖나 생각할 거잖아'라는 마음이라면 아이에게 엄마의 말이 제대로 전달될 리 없습니다. 말하는 엄마의 마음이 말에 들어가 있기 때문입니다.

어머니께 드리는 말에 진정성이 담겨 있다면 제대로 전달될 거라는 믿음을 가지면 좋겠습니다. '모두 다 좋으라고 하는 말'이 진심이라면 분명히 어머니에게 닿을 겁니다.

요즘 어머니들은 젊은 우리들 못지않게 지식과 지혜를 갖춘 분들이고 배움의 의욕과 열의도 대단하시지요. 잘 다가가면 나의 마음과 어머니의 지혜가 만나 육아의 시너지 효과를 얻습니다.

대화를 포기하지 마세요.

어머니와의 대화가 많을수록 아이는 잘 자랍니다. 또한 어머니의 답답함과 우울함도 감소합니다. 소통은 건강한 관계의 첫걸음입니다.

'어떤 말'이든 '어떻게 하느냐'가 중요합니다

우리 어머니들은 에릭슨의 인간 발달 8단계 중 '통합'의 시기를 보내고 있습니다. 이 시기를 '자아통합vs절망'의 시기로 정의하기도 합니다.

노년기에는 지난 인생을 잘 돌아보고 차근차근 정리할 수 있어야 합니다. 이 시기를 잘 보내면 지혜와 통찰이 빛나지만 절망에 빠지면 노년기 우울증이라는 무서운 증상에 시달리게 됩니다.

손주를 보면서 젊어지고 새로운 삶의 기쁨을 얻게 되었다는 어머니들은 노년기의 '자아통합'을 이룬 경우입니다. 손주 육아는 심신

...

아이의 부모인 우리는 어머니의 노년기가
손주 육아로 행복할 수 있도록 노력해야 합니다.

의 고충이 크지만 잘 활용하면 어머니를 행복한 삶으로 이끄는 계기
가 되어 줍니다. 아이의 부모인 우리는 어머니의 노년기가 손주 육
아로 행복할 수 있도록 노력해야 합니다.

반대로 우리가 도움을 주지 않으면 이 시기를 '절망'으로 이끄는
결과를 가져옵니다. 어머니가 당신만의 온전한 삶을 산다면 자아통
합이든 절망이든 당신의 몫이지만 아이를 맡긴 이상 어머니의 삶이
절망으로 물든다면 우리는 책임에서 자유로울 수 없습니다.

아이 훈육을 위해 부탁드리거나 요청할 이야기가 있으면 어머니
가 지혜의 보고임을 믿고 이야기하세요. 우리의 말을 흘려듣는 일이
없으리라는 믿음으로 어머니를 대하세요.

미국 캘리포니아대 심리학과 알버트 매러비안 교수는 커뮤니케
이션을 성공적으로 이끄는 데 말의 내용은 7퍼센트 정도이고 태도,
억양, 몸짓, 어투 등이 93퍼센트 영향을 미친다고 했습니다.

적절한 경어 사용과 멈칫거림(정말 황송하고 죄송스러운 듯한, 혹시
당신의 심기를 건드리는 얘기는 아닌지 조심하는 듯한)으로 대화를 이끌
어 보세요. 내가 어떤 학력을 가졌든 혹은 내가 직장에서 어떤 위치
이든, 어머니 당신 앞에서는 아이를 맡긴 딸이고 며느리라는 위치를
잊지 않는 겁니다. 어머니 앞에서 보이는 지나친 당당함은 때로 누
울 자리 못 보는 눈치 없는 사람으로 느껴집니다.

입장 바꿔 생각해보세요. 무언가 부탁하는 입장에서 당당함은 자
칫 건방짐으로 보일 수 있습니다. 좀 더 송구한 듯한 태도가 보기 좋

지 않을까요? 이게 바로 '지혜'입니다. 그럼 십중팔구 우리의 부탁이 제대로 전달될 겁니다. 정중하게 죄송한 듯 그리고 참으로 어렵게 말을 꺼내는 듯한 태도를 보이며 하고 싶은 말을 꺼내세요. 그게 '어떤 말'이든 '어떻게 하느냐'의 형식을 잘 거치면 성공적으로 전달됩니다.

칭찬도 훈육도 공동 작전이 필요합니다. 내 아이를 공동으로 양육하면서 따로 각자 플레이를 한다면 아이를 눈치꾸러기로 만들뿐더러 아이의 건강한 인격 형성에도 도움이 되지 않습니다. 아이로 인한 문제가 생길수록 엄마는 더욱 지혜로워져야 합니다. 사랑하는 내 아이와 소중한 내 어머니를 지키는 현명한 파수꾼이 바로 엄마이기 때문입니다. 공동 작전은 우리 아이를 잘 자라게 하고 어머니와의 관계도 돈독하게 할 것입니다.

어머니와의 육아 갈등 해소법

1 나를 내세우지 말고 딸과 며느리로 변신하세요

"(아주 어렵다는 듯 멈칫거리며)어머니, 제가 어려운 부탁 말씀을 드리려고요. 이런 말씀…… 드려도 될까요?"

: 오히려 어머니가 민망할 정도로 어렵고 아주 죄송스러워 하는 태도로 말을 꺼내세요. "애, 뭐 그렇게 어려워 하니?" 하는 말이 나올 정도로 겸손하게 시작하면 어떤 말이라도 잘 전달됩니다. "그 말이 뭐 어렵다고. 알았다. 네 말이 맞는 것 같다"라는 말을 들을 수 있습니다.

2 어머니께 도움을 청해 보세요

"애가 정리도 잘 안 하고 어질러만 놓으니까 어머니 속상하고 힘드시죠? 이번 기회에 버릇을 고쳐야 할 것 같아요. 어머니 혹시 좋은 생각 있으세요?"

: 어머니의 의견을 듣고 좋은 의견이 있으면 긍정하고 그 후에 엄마의 생각을 이야기합니다.

"그래서 일부러 정리를 잘한다 칭찬을 할 건데요. 어머니가 그럴 때는 저랑 장단 좀 맞춰 주시면 어떨까요."

3 어머니와 함께 아이의 습관 목록을 만드세요

"어머니가 아이의 버릇을 더 많이 알고 계시잖아요. 어떤 게 있을까요?"

: 아이의 습관에 대한 목록을 만드세요. 식사 습관, 존댓말 사용 등 언어 습관, 정리정돈 습관 등을 목록화할 때 반드시 어머니께 주도권을 느리세요. 그래야 공동 작전이 효율적으로 이뤄집니다.

"어떻게 하면 좋을까요?"

: 어머니께 의견을 묻고 각 습관에 대한 구체적 실천 방법을 세우면 육아 갈등도 줄고 아이의 바른 습관을 형성할 수 있습니다.

어머니 질문에 아이의 생각이 자란다네요

"'이건 뭐야? 왜 그런 건데? 그래서 어떻게 됐어? 왜요?'

아이가 눈만 뜨면 질문을 해요. 아이가 질문 세례를 끝도 없이 퍼부어서 저도 애 아빠도 힘들 때가 많아요. 너무 피곤해서 입도 뻥끗하기 싫은 말도 있지만 질문이 아이 생각을 크게 한다니 없는 힘이라도 쥐어 짜서 대답해 준답니다.

저희는 주말에만 보는데도 이렇게 힘든데 하루종일 애 보시는 어머니는 오죽하겠어요? 어머니가 힘드실 것 뻔히 알지만 부모 욕심으론 아이 질문에 대답을 잘해 주셨으면 좋겠어요. 어머니 기분 나쁘지 않도록 말씀 드릴 방법이 있는지 정말 궁금해요."

질문쟁이는 생각쟁이래요

사연 속 아이가 어린이집에 입학한 얼마 후 아이 엄마는 선생님을 찾아갔답니다. 아이가 엄청나게 호기심이 많고 질문이 많아서 선생님을 힘들게 할 수도 있으니 미리 양해를 구한 거죠. 산만해서 얼핏 ADHD(주의력 결핍 과잉 행동 장애)처럼 보이지만 그렇지는 않으니 혹시 선생님을 쫓아다니며 질문을 하면 "응", "그래" 정도만이라도 대답해 달라는 부탁을 했다고 합니다.

질문 많은 아이는 엄마로서는 반갑지만 누군가에게 맡기는 입장이 되면 고민입니다. "조용히 해" 하고 혼나지는 않을까, "너 왜 그렇게 말이 많니?" 하며 면박을 당하지는 않을까, 아이를 맡기면서도 마음이 편하지 않습니다.

아이들이 말문이 트이면 대체로 질문이 많아집니다. 아이의 생각이 자라는 좋은 현상이고 질문이 많은 아이는 호기심이 많아 더 잘 배웁니다. 하지만 아이를 맡아 돌보는 입장에서는 일일이 늘 친절하게 대답해 주기란 쉽지 않습니다.

아이는 이린이집에서 돌아오고 그 후로는 온전히 할머니의 몫입니다. 아이와 함께 있는 것만으로도 체력적으로 지치는 할머니에게 질문마다 꼬박꼬박 대답해 달라고 요청하는 건 무리입니다.

"어머니, 애가 질문이 많죠? 어머니 닮아 똑똑한가 봐요. 뭔가 생각이 있으니 질문도 많다고 좋은 현상이라고들 하는데 어머니가 일일이 답해 주려면 힘드실까 봐 그게 걱정이에요.”

이 정도만 해도 현답을 해 주시는 어머니가 있습니다.

“그게 무슨 걱정이냐. 좋은 일이지. 애가 여간 똑똑하니까 질문도 많은 거지. 별 걱정을 다 한다. 내가 아는 만큼 대답해 줘야지. 걱정 마라. 내가 대답 못하고 모르는 거 있을까 걱정이지.”

아이를 잘 키우고 싶은 마음은 나와 어머니가 같습니다. 아무리 귀찮은 질문들이어도 어떻게 하면 잘 대답해 줄 수 있을까 고민합니다. 이런 고민을 하는 어머니들이 질문에 지치지 않도록 우리가 도움을 줄 방법이 없을까요?

•

질문을 질문하세요

“할머니는 잘 모르겠는데?”

“할머니는 왜 그것도 몰라?”

할머니가 답을 못하는 질문이 있습니다. 엄마 아빠도 답을 못하는 질문도 있습니다. 그럴 때는 아이의 질문을 한 번 더 물어봐 주는 것이 좋습니다.

“나무가 왜 파란지 궁금하다고? 우리 민이 생각은 어때?”

아이는 분명 생각지도 못한 창의적인 이야기를 할 겁니다. 아이의 말을 잘 듣고 이런 반응을 보이라고 알려 드리세요.

...

질문 많은 아이는 엄마로서는 반갑지만 누군가에게 맡기는 입장이 되면 고민입니다.
"소용히 해" 하고 혼나지는 않을까, "너 왜 그렇게 말이 많니?" 하며 면박을 당하지는 않을까,
아이를 맡기면서도 마음이 편하지 않습니다

"아, 그렇구나. 우리 민이는 그렇게 생각했구나. 할머니는 생각 못했네. 우리 민이는 생각을 정말 잘하는데? 민이 얘기 듣고 보니 할머니도 정말 궁금하다. 이따 엄마 오면 또 물어 볼까?"

젊은 엄마 아빠는 책을 찾아 보거나 인터넷 검색을 활용해 쉽게 알려줄 수 있지만 할머니 입장에서는 어렵습니다. 그럴 때는 "이따가 엄마 아빠 오면 여쭤볼까?" 하고 질문을 적어 놓는 방법을 알려 드리세요. 질문장을 만들어 메모하는 모습을 보이면 자연스레 한글에 관심 갖는 계기도 됩니다.

아이 키우면서 질문에 정성껏 답하는 일이 생각보다 쉽지 않습니다. 하지만 아이는 질문에 시원스레 답을 얻는 것보다 자신의 질문이 존중 받고 있다는 느낌에 더 만족합니다. 이 점을 어머니께 알려 드리세요.

메아리 반응을 보여 주세요

아이가 종일 종알거리고 말이 많은 경우도 있습니다. 좀 시끄럽더라도 "조용히 해"라는 말은 하지 마세요. "누구 닮아 그렇게 말이 많니?"라는 말도 아이에게 좋지 않습니다. 시끄럽다며 그냥 내버려 두는 것은 안타까운 일입니다.

아이는 '대화 상대'가 필요합니다. 그럴 때는 "응", "그래" 정도만 대응하는 것도 좋습니다. 별로 할 말이 없을 때는 아이가 말한 것을 다시 들려 주는 메아리 반응을 알려 드리세요.

아이가 "잘 안 돼요" 하면 "잘 안 돼요?" 하고 대답해 주는 거예요. 또는 "조립이 잘 안 돼 속상해요?", "그림이 마음만큼 안 그려져요?" 등 아이가 말한 것을 정리해 주는 방법입니다.

아이는 궁금해서도 질문하지만 관심 받고 싶어서도 질문합니다. 질문에 관심만 가져도, 아이 말에 반응만 보여도, 아이는 존중받는다고 느낍니다.

엄마는 '육하원칙'
할머니는 '어머나! 세상에'

아이가 말을 할 때 추임새를 넣어 보세요. 추임새를 통해 너에게 공감하고, 너를 존중하고 격려한다는 느낌을 전달할 수 있습니다.

추임새는 육하원칙으로 넣는 것이 좋지만 누가, 언제, 어디서, 무엇을, 어떻게, 왜를 한 가지 상황에서 모두 사용하기란 어렵습니다. 보통 두세 가지를 활용하지요.

아이가 유치원에서 무언가 만들어 와서 할머니께 자랑합니다.
"할머니, 이거 봐요. 내가 만들었어요."
"어머나(감탄)~ 우리 손주가 뭘(무엇을) 만든 걸끼?"
"이거 버스예요."

“그렇구나(동감). 어떻게 만든 거야?”

“이거 도화지 오려서 풀로 붙인 건데요. 만들 때 엄청 재밌었어요.”

“재밌었구나. 잘 만들었네.”

하지만 어머니에게 육하원칙 추임새는 어려워 요구하기가 쉽지 않습니다. 평소 엄마가 시범을 보여 주세요. 아이만 모방을 통해 배우는 게 아닙니다. 어머니도 그냥 지나치지 않고 배웁니다. 어머니가 자연스럽게 배우도록 직접 모범이 되어 주세요.

어려운 육하원칙 추임새는 내가 하고, 어머니에게는 이런 추임새를 부탁하면 좋습니다.

“어머니, 애가 말하면 ‘어머’ 이렇게 반응만 보여 주세요. 그러면 애가 신나서 다음 말을 한대요. ‘어머나! 세상에’ 이런 반응도 좋고요. 그럼 애가 자기 말을 엄청 잘 들어 준다고 생각해서 비밀 얘기도 한다네요.”

“할머니 이거 내가 그렸어.”

“어머, 그걸 네가 그렸어?”

“응, 기차 그린 거야.”

“어머나! 세상에, 기차 그린 거야?”

이 정도로 충분합니다. 아이는 이 정도의 추임새에도 “응, 무슨 기차냐면 그러니까……” 하고 다음 말을 이어갈 겁니다.

추임새는 논리적일 필요가 없습니다. 어떤 추임새인들 어떻겠습니까. 그저 아이는 자신의 말을 들어 주고 있다고 생각만 해도 되지요. 아이의 질문에 답할 때 감탄사만 연발해 줘도 아이의 성장과 발달에 좋은 영향을 미칩니다.

메아리 기법과 육하원칙의 좋은 예

아이가 유치원 안 간다고 할 때 어떻게 해야 할까요?

"할머니, 나 내일 유치원 안 가."

"어머, 유치원 안 가? 왜 안 가고 싶어?"

"친구가 안 놀아 줘."

"친구가 안 놀아 줬어? 속상했겠네. 언제 안 놀아 줬어?"

"아까 소꿉놀이 할 때 안 놀아 줬어!"

"소꿉놀이 할 때 안 놀아 줬어? 친구랑 무슨 일이 있었는지 자세하게 말해 줄래?"

아이들은 나직이 말해야 잘 듣는다네요

"'얘야, 분명히 얘기했는데 안 들었단다.'

어머니가 여섯 살 아이한테 제일 서운할 때래요. 어머니가 많이 서운하셨던지 이 말씀을 여러 번 하시는 거예요. 안되겠다 싶어 관찰을 했어요. 주로 어머니가 아이 뒤통수에 대고 말씀하거나 멀리서 소리를 지르시더라고요. 그러고는 아이와 실랑이가 벌어져요.

'할머니가 아까부터 밥 먹자고 했는데 들은 척도 안 하네.'

'할머니가 언제 그랬어?'

'아까부터 그랬잖아. 잘 들리라고 큰 소리로 말했는데 못 듣긴 뭘 못 들어.'

아이에게 한소리 하시더니 곧바로 저를 보시며 '저 봐라. 봤지? 할미가 뭐라면 저렇게 언제 그랬냐고 따진다'고 얘기하시는 거죠.

어떤 때는 제게 '쟤가 벌써 나를 무시하는 건가 그런 생각도 든다'는
말씀도 하세요."

아이 앞에서, 가까이, 나직한 목소리로

아무리 손주가 어리더라도 말을 안 듣는 건 물론이고 대답도 안하면
무시당한 것 같아 서운합니다. 하지만 아이들은 듣고 싶지 않아 외
면하는 경우가 있고, 들었지만 소리만 들었을 뿐 내용은 파악 못하
는 경우도 있습니다. 앞의 사연 속 아이는 유아기인데다 남자아이였
습니다. 아이스크림 먹자, 만화 보자 등 자신이 매우 좋아하는 활동
을 권하는 것이 아니라면 잘 못 듣습니다. 안 들리는 것이지요. 할머
니는 큰 소리로 말했는데 못 들었다고 하는 손주, 다 들었는데 딴청
을 하며 무시한다고 생각하는 할머니. 손주와 할머니 사이에는 이런
일들이 잦습니다.

　손주가 할머니 말을 잘 듣도록 하려면 어떻게 해야 할까요?
　"어머니, 아이들은 앞에서 얘기해야 잘 듣는다네요. 아이가 여러
번 불러도 대답이 없으면 우선 아이에게 다가가시는 게 좋대요. 먼
곳에 있는 아이에게 큰 소리로 이야기하지 말고 가까이에서 눈을 보
고 나직한 목소리로 이야기해 주세요. 그래도 아이가 쳐다보지 않거
나 귀 기울이지 않으면 어깨를 가볍게 두드려 쳐다보게 하래요. 쳐

"할머니가 뭐라고 했지?"

"네, 장난감 치우고 밥 먹자고 했어요."

"그래. 그럼 밥 먹을까? (시계를 가리키며)그래. 그럼 지금 여섯 시 이십 분이니까 십 분 후에 식탁에서 만나자."

"(약속대로 식탁에 온 아이를 보며)우리 민서가 약속을 잘 지켜서 할머니가 기뻐. 역시 우리 손주야."

이렇게 아이 눈을 보고 말하고 말한 내용을 확인하고, 그리고 실행 내용을 정확하게 주지시키면 훨씬 전달이 잘 됩니다. 약속을 할 때는 정확한 시간을 정해 주는 것이 효과적이며 잘 지켰을 때는 이를 놓치지 말고 꼭 칭찬을 부탁하세요. 잘 실천하면 더 이상 어머니가 손주를 부르다 힘 빠지는 상황은 없을 거예요.

엄마가 조심해야 할 것이 있습니다. 설령 어머니가 손주 앞에서 "애가 무슨 말을 하면 듣지를 않는다. 벌써부터 할미를 무시하는 것도 아니고"라고 하더라도 "엄마는 무슨 피해 의식 있어? 애가 이렇게 어린데 할머니를 어떻게 무시해. 참 말도 안돼요" 하고 아이 앞에서 맞대응하면 안됩니다. "너, 왜 할머니 무시해? 앞으로 할머니 말 잘 들을 거야? 안 들을 거야?" 하면서 아이를 꾸중해서도 안 되고요.

얼른 어머니의 손을 잡고 아이가 없는 다른 장소로 가서 다정하게
얘기하세요.

"어머니, 언제 그런 생각이 드세요?"

어머니의 말씀을 충분히 경청한 후 위에서 소개한 방법을 알려
드리면 됩니다.

아이에게 듣는 연습을 시키세요

어머니에게만 노력을 요청하지 마세요. 아이가 아무리 어려도 어른
이 부르거나 말씀하실 때 어떻게 해야 하는지 알려 주어야 합니다.
할머니의 말을 주의 깊게 듣도록 주의를 주세요.

"할머니가 부르시면 '네' 하고 대답하고 할머니 곁으로 가는 거
야. 그리고 '할머니, 저 부르셨어요?' 해야 한단다."

엄마 앞에서 연습하도록 해 보세요. 평소에 엄마가 어른들께 먼
저 모범을 보이면 좋습니다. 할머니가 부르면 "네, 어머니. 저 부르
셨어요?" 하고 얼른 대답하고 할머니 가까이 가는 엄마를 보며 아이
가 배웁니다.

아이가 엄마를 부를 때도 마찬가지입니다. 아이가 멀리서 부르더
라도 아이 곁으로 가서 "응, 엄마 불렀니?" 대답하며 몸소 실천하세
요. 그리고 잊지 말고 바른 예절을 가르쳐 주세요.

"어른께 용건이 있을 때는 가까이 가서 말씀드리는 것이 좋단다."

남의 말을 경청하는 것은 아이의 인성 형성에 기본이 되고 아이의 사회성과 학습 발달에도 두루 영향을 미치므로 소홀히 여길 수 없습니다.

아이 집중시키며 소통하는 방법

1 아이 가까이 가세요

멀리서 큰 소리로 말하지 마세요.

2 아이와 눈을 맞추고 정면에서 말하세요

이때 목소리를 알맞게 낮추세요

3 들었는지 확인하세요

"뭐라고 했는지 말해 보겠니?"

4 그 말을 듣고 실천했는지 확인하세요

"다 한 후에 말해 주렴."

5 말을 잘 들은 것(실천한 것)에 격려와 칭찬을 하세요

"역시 멋져. 어쩜 이렇게 정확히 해냈을까. 잘했어."

생활 속에서
놀이하듯 가르치면
자연스레 배운다네요

"할머니, 나 저 과자 사 주세요."

"엄마가 안 된다고 했잖아."

"할머니, 내가 과자 먹고 과자 봉지에 써 있는 글자 다 쓰면 엄마도 혼내지 않을 거야. 지난번에도 칭찬했잖아요."

"엄마한테 물어 볼까?"

"할머니가 어른이잖아. 엄마보다 할머니가 어른이니까 할머니가 그냥 사 주세요."

"에구, 모르겠다. 할머니 혼나면 네가 얘기 잘해 줘. 알았지?"

"걱정 마. 할머니. 난 할머니 편이야."

할머니가 과자를 사 주니 아이는 좋아서 팔짝팔짝 계산내도 삽니다.

"이번에도 네가 계산해 볼래?"

"뭐 샀지?"

아이가 물건을 살핍니다.

"두부, 시금치, 우유…… 할머니, 나 계산 못하겠어요. 얼마예요?"

그러는 사이 할머니가 대략 계산을 하곤 손녀의 손에 삼만 원을 쥐어 줍니다.

아이들은 일상에서 배웁니다

여섯 살 송연이는 할머니랑 장보는 게 세상에서 제일 재밌습니다. 동네 재래시장에서 송연이는 인기 만점입니다. 인사성 바르다, 많이 컸다, 할머니 말을 잘 듣는다, 할머니 잘 도와드린다고 칭찬을 듣습니다. 마트에서 시식하는 것보다 오히려 재래시장에서 착하다고 칭찬 들으며 얻어먹는 것이 더 많습니다. 그러다 보니 송연이는 유치원 마치고 할머니와 장 보러 가는 시간을 기다리며 즐거운 나들이로 여깁니다.

할머니와 엄마는 장보기를 '한글과 수 교육' 시간으로 자연스럽게 연결하기로 했습니다. 재래시장은 가게 이름을 읽으며 한글 공부를 하기에 안성맞춤입니다. 차가 들어오지 않으니 간판을 보며 걸어도 위험하지 않습니다. 어느 가게에서 무엇을 살지 고민하는 시간도 재미있습니다. 한번에 계산하는 마트와 달리 재래시장에서는 가게마다 각각 계산하니 자연스레 수 교육으로 연결할 수 있습니다.

송연이 엄마는 재래시장 가기 좋아하는 아이를 위해 한복집에서 누비로 만든 고운 지갑을 선물했습니다. 그 뒤로 송연이는 할머니와 시장에 갈 때면 물건을 담을 가방과 엄마가 사준 고운 지갑을 함께 챙깁니다. 그리고 할머니와 정답게 손잡고 다니며 자연스레 한글과 수를 배웁니다.

장보기 목록 쓰기(말하기와 한글 익히기)

오늘은 어떤 물건을 살지 이야기합니다. 이 시간은 송연이와 할머니의 즐거운 대화 시간입니다. 저녁 메뉴를 정하고 장보기 목록을 쓰면서 요리와 반찬에 대한 이야기를 매일 나누다 보니 송연이는 여섯 살 또래보다 다양한 어휘를 알고 사용합니다. 연근조림, 콩자반, 콩나물무침, 고등어구이 등 재료와 음식 이름을 글자로 연결하는 능력이 뛰어납니다.

자연스럽게 조리법에 대한 대화도 나눕니다. 연근조림을 하려면 무엇이 필요한지, 집에 있는 재료는 무엇인지, 무엇을 사야하는지, 간장과 설탕은 있는지 송연이가 일일이 챙기다 보니 상황을 관찰하고 판단하는 능력도 발달합니다.

장보기 목록은 당연히 송연이가 직습니다. 처음 글씨를 적을 때는 철자법이 잉망이어서 할머니가 여러 번 고쳐 수었는데 유치원에서 주최한 부모 교육 특강을 다녀온 후 할머니의 교육 방침이 바뀌었습니다. 유이기에는 철자법을 고쳐주기보다 쓰기에 대한 흥미를 시속하도록 돕는 것이 중요하다고 배웠기 때문입니다. 그러다 아이가 철자법을 무시하는 게 습관이 되면 어쩌나 걱정했는데 괜한 걱정이었습니다. 송연이가 글자를 쓴 후 고칠 게 없는지 물어왔으니까요.

주위에서 여섯 살이면 학습지 하나 정도는 한다는데 송연이는 그럴 필요가 없습니다. 아이의 논리 정연한 말하기 솜씨며 한글 읽고 쓰는 수준이 또래에 비해 우수하기 때문입니다.

비결은 장보기, 요리하기, 산책하기 등 할머니와 보내는 일상의 배움에 있었습니다.

길에서 간판 읽기, 차량 번호 읽기(한글과 수 익히기)

송연이는 할머니와 손을 잡고 거리를 걷는 게 즐겁습니다. 열 걸음 가다가 고개 들어 눈에 띄는 간판을 읽습니다. 할머니와 송연이가 번갈아 한 번씩, 간판 읽는 놀이가 재밌습니다.

'붕어빵 이 천원에 세 개'도 잘 읽습니다. 할머니가 붕어빵을 간식으로 사 주는 즐거움은 덤입니다. 차량 번호를 읽는 것도 재미있습니다. 번호를 두 개씩 나눠 더하기도 제법 잘하지요. 4376이라면 4 더하기 3, 7 더하기 6이 되지요. 자연스럽게 숫자 개념도 익혔습니다.

받아쓰기(한글 익히기)

송연이는 시장을 보고 돌아오는 길이 더 즐겁습니다. 할머니가 좋아하는 간식을 사 주시기 때문입니다. 집에 와서 할머니와 먹는 간식은 정말 꿀맛입니다. 일곱 시 저녁 시간 전에 출출한 배를 채우기 딱 좋습니다.

집에 와서 장보기 목록 수첩을 펼치는 송연이와 할머니. 장바구니에서 물건을 하나하나 꺼내면서 목록에 체크를 합니다. 빠진 건 없는지 확인하며 서로 웃고 대화하니 이 또한 놀이로 여겨져 즐겁습니다.

"자, 이제 할머니 저녁 준비한다. 송연이 자유 시간" 하니 송연이가 "할머니, 받아쓰기 해야지" 합니다.

송연이가 받아쓰기 공책을 가져옵니다. 할머니가 주방 일을 하면서 장보기 목록을 불러 주면 송연이가 받아씁니다. 할머니가 싱크대에서 시금치를 다듬으며 "시금치" 하면 송연이는 식탁에서 시금치를 받아 적습니다. 오늘은 계란, 두부, 냉이라는 단어를 익힙니다.

때로 할머니와 송연이는 밀가루 반죽을 함께 치댑니다. 반죽을 한 줌 떼어 만들기 놀이를 하면 시간 가는 줄 모릅니다.

어떤 때는 과자 봉지에 적힌 글자를 보고 쓰기도 합니다. 제품 성분, 제품 문의 등 이해하기 어려운 글자가 있으면 할머니께 여쭤 보며 익히니 송연이의 어휘력은 날마다 발달해 나갑니다.

아이와 할머니의 장보기 교육 효과

장보기를 위한 대화는 일의 순서를 예측하고 실천하는 능력을 키워 줍니다. 아이가 직접 장보기 수첩에 목록을 적으면서 한글과 수 개념을 익힐 수 있습니다. 장을 보는 과정에서는 위의 능력들을 골고루 사용하게 되지요. 장을 본 후에는 수첩의 목록과 대조하며 확인하고 검산합니다. 이 과정이 송연이에게는 소꿉놀이처럼 즐거운 놀이입니다.

놀면서 배우는 유아기 아이들에게는 세상이 놀이터고 배움터입니다. 유아기 아이를 키우는 할머니와 엄마가 지혜를 모으면 아이와 함께하는 시간을 통해 한글과 수 공부를 재밌게 가르칠 수 있습니다.

놀이로 배우는 한글과 수 공부

놀이를 좋아하는 아이들의 심리를 백배 활용한 즐거운 공부 놀이를 소개합니다. 어머니에게 손주와의 놀이 시간을 즐기며 자연스럽게 공부도 할 수 있는 방법을 알려 주세요.

1 한글 공부, '주거니 받거니' 간판 읽기

"자, 지금부터 간판 읽으며 가는 거야? 알았지?" No!

: 이렇게 얘기하면 즐거운 놀이 같지 않아 흥미가 뚝 떨어집니다.

"할머니 한 번, 우리 ○○이가 한 번" Yes!

: 할머니 "장미 미용실 → 아이 "조아 약국" → 할머니 "모두 김밥"

2 수 공부, '너하고 나하고' 가위바위보

"가위! 바위! 보!"

"와, 할머니 내가 이겼어요. 하나! 둘!"

"소은이가 계속 이겨서 할머니하고 이만큼이나 멀어졌네."

"할머니, 나 이제 다섯 계단 밖에 안 남았어요."

: 이 놀이는 학교나 공원이 좋습니다. 계단을 오르내리는 놀이로 가위바위보를 해 이긴 사람이 두 계단씩 올라갑니다. 익숙해지면 조금 난이도를 높여 가위로 이기면 한 계단, 바위로 이겼을 때는 두 계단 등으로 규칙을 바꾸세요. 이 놀이는 수 개념과 아울러 기억력 증진에 좋습니다. 아이들은 '놀이를 가장한 공부'라는 걸 눈치채면 안 하려고 합니다. 절대 공부를 우선에 두지 말고 즐거운 놀이로 접근해야 합니다. 놀이에 참여하는 할머니가 즐거워야 아이도 즐겁게 놀며 배우겠지요?

훈육은 포기 못 해요

"진짜 속상할 때가 언제인 줄 알아요? 애 엄마가 애한테 소리 지를 때예요. 꼭 나 들으라고 하는 것 같아 정말 속상하지. 그래서 내가 한 마디 거들어요. '애가 뭐 그렇게 잘못했다고 그러냐 그러길!' 그러면 '어머니가 자꾸 편들면 애 버릇없어져요. 과자 안 먹기로 약속했으면 지키도록 만들어야죠' 해요.

'얘야. 걔 오늘 그거 처음 먹었다'해도 소용없어요. 그럼 애가 나를 봤다 지 엄마를 봤다 그러면서 울상을 지어요. 그렇다고 애를 혼내는데 가만있자니 영 불편해요."

"제가 좀 혼내기라도 하면 어머니가 더 뭐라시는 거예요. 애들 키우다 보면 혼낼 일 있잖아요. 우리 애는 솔직히 중간에 긴 어머니 때문에 더 야단맞아요. 다른 집 같으면 엄마랑 애랑 둘이 해결할 텐데 옆에서 편들어 주는 할머니 때문에 더 오래 혼내게 되고요. 어떤 때는 꾸중의 본질을 놓칠 때도 있어요. 오히려 어머니와 내가 싸움하는 게 돼요. 그러니까 애 교육상 더 안 좋은 거죠. 어른들끼리 싸우는 걸 보니까요. 가만 계시면 안 되는지. 다른 집도 그런가요?
'애, 너 나한테 할 말 있으면 직접 해라' 그러는 시어머니도 계신다니까 우리 어머니는 좀 나은 편이라고 위안 삼아야 할까요?"

훈육에는 순서가 있습니다

현관문을 열자 아이가 과자를 먹고 있습니다. 시간을 보니 여섯 시 반. 지금 과자를 먹는다면 잠시 후 저녁을 안 먹을 겁니다. 엄마 생각엔 그렇습니다. 그런데 어머니도 옆에서 아이와 과자를 먹고 있네요. 더 화나는 건 어머니의 휴대폰으로 둘이 게임을 하는 모습입니다. 엄마는 화가 나서 아이의 잘못을 열거합니다.

"그날따라 유독 피곤해서 퇴근길 내내 '오늘 같은 날은 애 밥 좀 어머니가 챙겨 주면 좋을 텐데' 바라게 되더리고요. 그런데 밥은커녕 거실에서 과자 먹고 있는 애기 눈에 들어온 거죠. 당연히 좋은 소리가 나갈 리 없죠. 근데 상황을 알고 나니 제가 그날 엄청 큰 실수를 한 거예요."

아이는 이미 밥을 먹고 어제 '내일 먹기로 약속한 과자'를 후식으로 먹고 있었던 겁니다. 휴대폰은 어머니 친구 분이 추석 인사로 보낸 보름달 영상을 보는 거였지요.

혹시 퇴근하고 현관문 들어서자마자 아이한테 훈계한 적 있으신가요?

"옷이 그게 뭐야? 뭐 먹었기에 그렇게 흘렸어?"

"지금 들고 있는 거 뭐야? 초콜릿이야? 밥 먹어야 되는데 지금 그걸 왜 먹어!"

부모라서 아이의 버릇이나 거슬리는 행동이 눈에 먼저 들어옵니다. 아이를 사랑하니까 별의별 것이 눈에 들어오지요.

하지만 훈육에도 순서가 있습니다.

집에 들어가면 먼저 어머니의 얼굴을 마주하고 인사를 드려야 합니다. 아이에게는 그것이 산 교육입니다. 어떤 상황이라도 '다녀왔습니다'라는 인사를 드리는 것이 최우선입니다. 훈육은 그 뒤로 미뤄야 합니다.

•

어머니, 애 좀 혼낼게요

아이를 혼내는 것도 아이를 훈육하는 것도 어른이 계시면 조심해야 합니다. 어머니들은 딸이나 며느리가 당신 앞에서 손주를 야단치면 그게 예사로 들리지 않는다고 합니다.

“아니 왜 이렇게 어질러 놨어?” 하면 당신한테 잘못했다고 하는 거 같다고 하시지요.

“너 왜 과자 먹어? 그럼 저녁 못 먹잖아” 그러면 당신이 일부러 과자를 준 것 같은 생각이 들어 민망하다고 하십니다.

잘못하면 훈육은커녕 어머니를 기분 나쁘게만 만듭니다. 아이는 아이대로 할머니 앞에서 창피하고 할머니는 할머니대로 ‘나한테 들으라는 소리인가’ 하고 노엽기만 할 뿐입니다.

어떻게 훈육하는 것이 좋을까요?

“어머니, 제가 아이를 혼낼 때도 있는데 제가 조심하겠지만 혹시 실수로 어머니 앞에서 아이에게 화를 내거나 야단을 치면 어머니가 자리를 비켜 주시면 어떨까요.”

어른이 계실 때 아이 훈계는 유의해야 합니다. 훈계의 내용과 상관없이 어른들 앞에서는 안 하는 게 좋습니다.

그럼 언제, 어떻게 하는 것이 좋을까요.

아이가 꾸중 들을 일을 했을 때가 ‘언제’입니다. 만약 아이가 할머니 앞에서 떼를 부리며 물건을 던진다면 그 즉시 훈계를 해야 합니다. 만약 아이를 훈육할 때 어머니가 자리를 비켜 주기로 약속을 했는데도 앉아 계시면 ‘어머니, 부탁드려요’라고 사인을 보내거나 어머니가 안 계시는 곳으로 아이를 데리고 이동하면 됩니다.

어머니가 계시는 상황에서 훈육을 하면 어머니가 아역을 하게 되는 것이나 마찬가지가 됩니다. 아이 입장에서는 할머니가 자기 옆에 가만히 있으면서 편을 안 들어 준 셈이니까요. 할머니가 아이 편을 들면 훈육이 안 된다는 걸 알 리 없는 아이는 할머니가 미울 수밖에 없습니다.

이때 할머니가 "놔둬라. 애들이 다 그렇지" 하지 않도록 사전에 협의를 해야 합니다.

가끔 할머니가 아이를 꾸중할 수도 있습니다. 이때 "어머니, 걔 혼내 주세요. 혼나야 해요"라며 어머니 편을 들어주는 건 고민이 필요한 멘트입니다. 아이의 마음에 상처를 줄 수 있습니다. 아이가 엄마와 할머니 사이에서 갈등하지 않도록 엄마가 얼른 자리를 피해 주고 할머니가 훈계를 하도록 힘을 실어 주세요.

훈육은 어떤 내용이든 듣는 입장도 고려해야 합니다. 아이 훈육을 할 때는 아이 옆의 어른도 의식하고 어른 옆의 아이도 생각해야 합니다. 올바르게 훈육하려면 두 어른의 협의가 중요합니다.

어른이 있는 집에서 아이 훈육하기는 참 어렵습니다. 하지만 아이를 제대로 키우기 위해서라면 훈육은 포기할 수 없습니다. 아이가 늘 잘할 수만은 없고 이를 제대로 잡아 주는 일은 부모만 할 수 있습니다. 할머니가 할 일이 아닌 부모의 의무이며 부모가 가장 잘할 수 일입니다.

현명하게 훈육하세요

어머니와 함께 육아를 하는 경우 마찰을 피하려 훈육을 포기하는 경우가 있습니다. 하지만 아이를 키우는 데 훈육은 아주 중요합니다.

1 엄마가 아이를 훈육할 때

- 어머니께 충분히 양해를 구하세요.

  : 어머니를 향한 감정이 아니라는 것, 아이를 훈육한다는 것을 미리 말씀드리면 오해가 생기지 않습니다.

- 어머니 앞에서 아이에게 언성을 높이거나 아이를 훈육하지 마세요.

  : 아이의 체면을 깎는 일이라 아이에게 '창피하다'는 마음만 줄 뿐 훈육의 내용이 제대로 전달되지 않습니다. 또한 아이를 바로 키우려다 어머니의 마음만 불편하게 할 수 있습니다. 꼭 훈육을 해야 한다면 어머니가 안 계신 곳에서 훈육해야 아이가 할머니에게 서운한 마음을 갖지 않습니다.

2 할머니가 아이를 훈육할 때

- 어머니를 가르치지 마세요.

  "어머니, 애한테 그러지 마세요." No!

- 자리를 비켜주세요.

- 의견이 다르다고 해서 애 앞에서 어머니에게 반론을 펴지 마세요.

  "어머니, 다른 애들은 더 그래요. 얘는 아무 것도 아니예요." No!

  : 엄마와 할머니기 건해치를 보이면 아이는 눈치를 봅니다. 갈등 요소만 보이게 되어 훈육은커녕 아이가 정서저으로 불안해질 수 있습니다.

- 동조하는 말은 삼가세요.

  "너. 혼날 줄 알았어. 어머니, 확실히 야단쳐 주세요." No!

  : 이것은 교육의 일관성과는 다른 문제입니다. 엄마에 대한 반감으로 할머니의 훈육 내용이 희석될 수 있습니다.

유아교육기관 방문, 누가 갈까요?

"엄마 가. 할머니 오라고 해."

현관에 우진이 엄마가 왔습니다. 네 살 우진이가 현관에서 엄마를 밀어냅니다. 선생님이 교실로 우진이를 불러 이야기를 나눴습니다.

"엄마 온 게 싫어요?"

"아니요."

"그런데 왜 엄마 가라고 해요?"

"할머니가 오는 거예요."

어린 우진이에게는 어린이집에 오는 분은 오직 할머니라는 인식이 자리한 것입니다.

부모님 참관수업이 있던 날 세린이가 울며 선생님께 말합니다.

"할머니가 오시는 건 괜찮은데요. 맨날 맨날 오는 건 싫어요. 맨날 맨날 할머니만 오고. 맨날 맨날 엄마는 안 오고."
세린이는 울면서 '맨날 맨날'이라는 말을 반복합니다.

어른끼리만 합의하지 말고 아이에게도 물어보세요

우진이에게는 규칙적인 패턴이 있습니다. '어린이집=할머니 할아버지, 엄마 아빠=회사'라는 패턴입니다. 우진이는 오늘 어린이집 행사에 엄마가 온 것이 낯설었습니다. 어린이집 입학 때도 할머니와 할아버지가 왔고, 현장학습을 갈 때도 할머니 할아버지가 데리고 갔고, 하원 때도 할머니 할아버지가 마중을 옵니다.

그날은 우진이 엄마가 휴가를 내 행사에 참여했습니다. '다른 집은 엄마들이 오니 우진이를 위해서 너도 가야지 않겠냐'는 어머니의 권유로 어렵게 시간을 냈습니다. 엄마는 아이가 나를 보면 얼마나 기뻐할까 생각했는데 밀어내기만 하니 당황스러웠을 겁니다. 하지만 우진이는 엄마가 온 것이 싫은 게 아니었습니다. 낯설었던 겁니다. 아침 등원할 때 할머니가 "우진아, 이따가 할머니가 갈게" 했기든요.

세린이는 참관수업에 엄마가 왔으면 했습니다. 다른 아이들은 엄마가 오는데 아침저녁 등하원도 할머니가 챙기고 행사까지 할머니가 오는 게 싫습니다. 할머니가 싫은 게 아니라 유치원에 엄마도 왔으면 하는 겁니다. 엄마가 오기를 기대했는데 할머니가 오자 대뜸 "또 할머니가 왔어?"라고 한 거지요. 할머니는 그렇잖아도 젊은 엄마들 사이에 끼어 낯선데 손녀가 할머니를 반가워하지 않으니 민망하고 속상합니다.

손주 육아에 대한 칼럼이나 인터뷰 요청이 많이 들어옵니다. 대체로 조부모와 부모의 육아 갈등, 양육 기간, 보수 문제, 갈등을 줄이는 대화법, 가족 간에 서로 이해할 점 등의 주제에 관심을 가집니다. 그런데 생각해 보면 이러한 주제들에 앞서 빠진 것이 있습니다. 바로 손주 육아의 당사자인 '손주'입니다. 손주가 엄연히 주체인데 손주를 둘러싼 객체만 생각하는 상황이지요.

아이는 서너 살만 되어도 생각과 욕구가 있습니다. 게다가 아이들마다 기질이 다릅니다. 어떤 아이는 무던한 편이라 하라는 대로 하지만 어떤 아이는 까다로워서 다루기가 쉽지 않습니다. 제 주장이 강한 아이도 있습니다. 어떤 기질을 갖고 있든지 아이와도 의논하고 아이의 의견에도 귀 기울이세요. 어른끼리 합의가 되었다고 일방적으로 정하지 마세요. 아이에게 묻고 어른들의 입장을 전해야 아이가 스스로 판단하고 이해할 수 있습니다.

우진이의 경우에 "우진아, 오늘은 엄마가 어린이집에 갈 거야" 하며 아침 등원할 때 혹은 전날 알려 줬으면 어땠을까요. 어른에게 대하듯 존중하며 물어보세요, 존중 받은 아이는 대접 받은 대로 행동합니다.

우진이가 당황했던 건 생각지도 않았던 엄마의 등장 때문이었습니다. 엄마가 어렵게 시간을 낸 것은 엄마 상황이지 아이의 이해 범주에 있는 일이 아닙니다.

"엄마가 이번엔 휴가를 냈어. 아들 어린이집에 가고 싶어서."

아이에게 미리 이 정도 정보는 주어야 합니다.

세린이네처럼 어른들의 스케줄을 아이에게 대입하는 것도 바람직하지 않습니다. 세린이처럼 유치원에 엄마가 왔으면 좋겠다는 열망이 큰 아이는 할머니가 참석해도 엄마의 부재로 인한 허전함이 채워지지 않습니다. 때로 엄마의 시간을 아이에게 맞춰야할 때가 있습니다. 해결 방안이 없을지 온 가족의 고민이 필요해 보입니다.

아이에게 꼭 이해시켜야 합니다

유아교육기관에 등하원하는 시간 또는 행사 때 부모가 어느 정도 참여하도록 권합니다. 직장맘이라면 평일 유치원 행사에 참석하기가 쉽지 않습니다. 하지만 그럼에도 방법을 찾아봐야 합니다. 엄마 아빠가 직장에 나가느라 시간 내기 쉽지 않다면 교대로 일주일에 한두 번은 시간을 쪼개 출근길에 데려다 주는 건 이떨까요? 어느 날은 퇴근을 조금 앞당겨 유치원에서 아이를 데리고 올 수도 있습니다.

아이에게 내일 행사 때 못 가는데 어떻게 하면 좋을지 물어봤더니 대신 유치원 놀이터에 가자고 자신의 생각을 또박또박 말했다고 합니다. "엄마가 내일 행사에 못 가는 대신 오늘 저녁에 함께 유치원 놀이터에 가 보자는 얘기지? 그럼 가 볼까?" 하며 아이의 마음에 공감하며 아이 말을 명료하게 정리해 주면 더 좋습니다.

'어떻게 하면 아이가 행복할까, 어떻게 하면 아이가 건강할까.'
아이의 입장에서 생각하는 것이 중요합니다. 아이가 말귀를 알아들으면 엄마와 할머니가 의견을 나누기 전에 아이에게도 의견을 물어보세요. 무조건 아이를 따르고 끌려가라는 말이 아닙니다. 아이에게도 물어보고 알려 주어야 이해를 하고 아이 스스로 준비를 합니다. 손주 육아의 중심은 '손주'라는 걸 잊지 마세요.

아이의 유아교육기관 방문 및 상담

1 아이와 의논하고 엄마의 입장을 이해시키세요

"이번에 엄마 아빠가 유치원에 꼭 가고 싶었는데 시간이 안 돼서 할머니가 가실 거야."

: 한 번은 엄마가, 한 번은 할머니가 가는 것 등으로 조절하세요. 유치원 행사에 가기 힘들면 저녁이나 주말에 유치원 근처로 산책하는 것도 좋습니다. "우리 아들이 다니는 유치원에 같이 오니까 정말 좋다. 놀이터에서 어떤 놀이하는 게 좋아?" 등의 주제로 대화하면 아이가 관심 받고 있다고 느낍니다.

2 아이의 유치원 선생님과 정기적으로 통화를 하세요

"선생님이 우리 소민이가 유치원에서 친구들과 참 잘 지낸다고 하시더라. 엄마가 얼마나 기쁜지 몰라."

: 아이의 친구 관계, 흥미를 보이는 놀이나 활동, 발달 정도 등은 담임 선생님이 정확히 파악하고 있으니 상담을 통해 도움을 받으세요. 아이의 가정통신문은 할머니께만 맡겨 두지 말고 엄마도 꼭 확인하세요.

"어머, 다음 주 수요일은 우리 소민이 소풍가는 날이네. 엄마랑 할머니가 무엇을 준비해 주면 좋을까?"

: 아이의 소풍, 행사 등에 엄마가 관심을 가지고 있다고 알게 하세요. 아무리 바쁜 엄마지만 나를 소중하게 여긴다는 것을 알려 주어야 합니다. 이때 할머니도 같이 언급하면 두 분의 사랑이 아이에게 더 크게 전해질 겁니다.

사랑이 넘치는
엄마에게

‘
사랑의 양과 질,
일하는 엄마를 위한 육아법
’

결핍의 시간을 채우는 아이의 잠자리

아이 곁에 누워 이야기를 나눕니다. 엄마가 한 문장 아이가 한 문장, 번갈아 가며 이야기를 지어 나가다 보면 한 편의 동화처럼 멋진 이야기가 완성됩니다.

"곶감을 받은 아이는 울음을 뚝 그쳤어요."

"아이는 맛있게 곶감을 먹었어요."

"엄마도 한 입 먹었어요. '아, 맛있어' 하며 말이죠."

"옆에 있던 형이 '나도 좀 줘' 했어요."

"그래. 형도 한 입."

이렇게 이야기를 이어 나가면 어느새 멋진 창작동화가 탄생하지요.

엄마가 꼭 불을 밝히며 책을 읽어 줄 필요는 없습니다. 조명을 낮추고 아이와 이야기를 만들어 가는 동안 아이의 상상력이 커지고 어휘력이 발달합니다. '끝말 이어 가기'도 좋습니다. 베드 타임 독서와 베드 사이드 스토리는 엄마 아빠가 해줄 수 있는 최고의 선물입니다. 매일 밤 아이를 꼭 끌어안고 멋진 시간을 공유하세요.

아이의 잠자리는 부모가 지켜야 합니다

"애들 엄마 아빠는 피곤하다니 할 수 없지. 내가 재워요. 지들도 하루 종일 일하고 얼마나 피곤하겠어요."

자상하고 배려 깊은 어머니는 아들 며느리를 아끼느라 손주 재우는 건 당신이 맡겠다시지만 밤 시간에 피곤하지 않은 사람은 없습니다. 어머니도 자고 싶고 쉬고 싶습니다.

무엇보다 아이들에게 잠드는 시간은 어느 때보다 부모의 손길이 필요합니다. 어쩌다 어머니가 도움 주는 것은 괜찮지만 어머니가 도맡아 재운다는 것은 아이와의 교감 시간을 놓치는 것 같아 안타깝습니다.

밤에는 가능한 아이에게 책을 읽어 주고 싶지만 솔직히 피곤한 날은 아이 곁에 갈 엄두가 나지 않습니다. 그럴 때는 아이 옆에 누워 있기만 해도 됩니다. 책 읽기가 힘든 날은 그냥 누워 이런저런 이야기를 나누세요. 아이 옆에 누워 있는 것만으로도 아이는 충분히 행복한 기분을 느낍니다.

입이 떨어지지 않을 만큼 피곤한 날은 반대로 아이에게 이야기를

...

잠을 자는 시간은 아이들에게 외로움이 몰려오는 시간입니다.
그럴 때 사랑하는 부모가 곁을 지켜 준다면 가장 위로가 되고 위안이 되겠지요.
아이가 잠들기 전, 곁에만 있어 줘도 안정을 줄 수 있습니다.

들려 달라고 하세요. 아이는 그동안 읽고 들었던 여러 동화와 지어낸 이야기를 엄마만큼이나 멋지게 들려줄 거예요.

어느 날은 아이와 양 세기 놀이, 잠자기 놀이를 하면서 함께 자는 것도 좋습니다. 엄마가 "양 한 마리" 아이가 "양 두 마리" 그러다 보면 어느새 잠이 듭니다. 엄마 손을 꼭 잡고 말이지요.

할머니가 주 양육자라도 부모가 꼭 해야 할 몇 가지가 분명히 있습니다. 그중 하나가 아이와 함께 잠자리 대화를 나누는 것입니다.

베드 타임 독서

책을 읽기 시작하면 끝이 없어서 힘들다고요?

"하룻밤에 열 권을 읽어 달라고 해서 어떨 땐 겁이 나요. 저희도 자야하는데 애가 책을 왜 그렇게 좋아하는지."

많은 책을 가지고 와 읽어 달라는 다독형 아이입니다. 피곤할 때는 책 뽑아 오는 아이에게 겁난다지만 부모로서는 흐뭇하지요. 그러나 엄마도 아빠도 잠은 자야합니다. 밤 시간을 너무 양보하지 마세요. 밤에는 쉬어야 다음 날 가뿐하게 일어나 출근할 수 있지요.

열 권 뽑아 오는 아이에게 투정하듯 "아빠 힘든데" 하며 힘들게 읽어 줄 필요는 없습니다. 지루한 아빠의 의무적인 책 읽어 주기는 아이도 알아차립니다.

한번에 많은 책 읽기를 요구하는 아이는 조율의 과정을 거치세요.

"오늘은 다섯 권만 읽을게."

"아냐. (손가락으로 뽑아온 책들을 가리키며)이거 다 읽어줘."

"그럼 우리 서로 양보하자. 몇 권이 좋을까?"

"응. 그럼 여섯 권?"

"좋아. 오늘은 여섯 권."

열 권에서 여섯 권으로 줄이면 떼를 부릴 것 같지만 의외로 아이는 제안을 수긍합니다. 서로의 이견을 조율하는 것도 아이는 즐거울 수 있습니다. 이 또한 아빠랑 나누는 대화고, 아빠가 자신의 의견을 무시하지 않고 존중한다는 느낌을 가질 테니까요.

한 권을 몇 번이고 반복해서 읽어 달라는 반복형 아이도 있습니다. 내 아이가 반복형 아이라면 다독형 아이와 같은 방법으로 하나의 책을 몇 번 읽을지 정하고 서로 조율해 보세요.

동화뿐만 아니라 동시, 동요 등 독서의 폭 넓히기

베드 타임 독서를 동화에만 한정하는 모습을 많이 봅니다. 하지만 문학의 장르는 다양하지요. 어린이를 대상으로 창작된 아동문학에도 다양한 장르가 있는데 으레 책 읽기 하면 그림 동화를 선택합니다. 동화, 동시, 동요 등을 골고루 경험하게 해 주는 것이 좋습니다. 특히 동요는 노래(음악)뿐 아니라 노랫말로 구성되어 음악과 문학을 함께 경험할 수 있는 장점이 있습니다. 밤에 동요를 나직이 불러 주세요. 동요의 노랫말을 동시처럼 읽어 주어도 좋습니다. 같은 운이 반복되는 라임은 아이들에게 좋은 자장가이지요.

기찻길 옆 오막살이
아기 아기 잘도 잔다
칙 폭 칙칙 폭폭
칙칙폭폭 칙칙폭폭
기차 소리 요란해도
아기 아기 잘도 잔다

— 윤석중 〈기찻길 옆〉

〈기찻길 옆〉은 신이 나게 부르면 명랑한 동요지만 천천히 나직이 부르면 자장가처럼 들리고, 노랫말에 운율이 있어 천천히 읽어 주면 동시로도 손색없습니다.

〈낮에 나온 반달〉이나 〈깊은 산 속 옹달샘〉을 노래로도 부르고 시처럼 읊어 주는 모습은 상상만으로도 포근하고 행복한 밤을 떠오르게 합니다. 아이의 손을 만지작거리면서 엄마 아빠가 기억하는 모든 동요와 동시를 동원해 보세요.

아이가 잠들 무렵 아빠의 목소리로 들려주는 동요를 특히 권장합니다. 유아기 아이에게는 슈베르트의 〈자장가〉도 좋고, 이원수의 〈고향의 봄〉도 좋습니다. 때로 허밍으로 들려주는 동요도 아이에게 편안함을 주지요. 아빠의 목소리로 들려주는 동요는 그 어떤 책 읽어 주기보다 아이의 정서와 어휘 발달에 큰 도움을 줍니다.

"아이 키우다가 동요 노랫말 다 외우게 됐어요" 고백하는 아빠는 이미 시인입니다. 이런 아빠 곁에서 자란 아이는 시를 아름답고 행복한 선율로 기억하며 문학적 소양이 풍부한 사람으로 성장하겠지요.

엄마의 낭랑한 목소리로 낭송하는 동시는 어떨까요. 성우처럼 읽어 주지 않아도 괜찮습니다. 잠자리니까 과장해 읽어 주지 않아도 됩니다. 그저 느낌이 전달되도록 행과 행, 연과 연을 구분해 들려주세요. 이러한 시간을 통해 아이는 신나게 뛰어놀던 하루를 정리하고, 부모도 피곤했던 하루 일정을 마감하며 평온한 잠자리에 들 수 있습니다.

동요 노랫말과 동시 어휘 바꾸어 보기

동요 노랫말 바꾸어 보기는 '깊은 산 속 옹달샘'을 '깊은 산 속 다람쥐'로 바꿔 보는 것입니다. 대상을 바꿔서 부르는 것뿐인데 아이들은 굉장히 즐거워하며 알고 있는 다양한 어휘들을 끄집어냅니다.

의성어, 의태어 동시는 아기들에게 특히 좋습니다. 의성어는 사람이나 사물의 소리를 흉내 낸 말로 '쌕쌕', '멍멍', '땡땡', '우당탕', '퍼덕퍼덕' 등이 있고, 의태어는 사람이나 사물의 모양이나 움직임을 흉내 낸 말로 '아장아장', '엉금엉금', '번쩍번쩍' 등이 있습니다. 의성어와 의태어는 한국말 특유의 언어적 느낌이 잘 살아 있는 어휘라서 말 배우는 아이들에게 참 중요합니다. 어휘에 맞는 느낌으로 읽어 주면 더 좋겠지요.

'반짝반짝'을 '번쩍번쩍'으로 바꾸어 달라진 느낌대로 읽어 주세요. '퍼덕퍼덕'을 '파닥파닥', '팔짝팔짝'을 '폴짝폴짝' 등으로 바꾸어 목소리와 몸으로 어휘의 느낌을 표현해 보세요. 아이의 어휘 표현 솜씨가 엄마보다 더 뛰어나서 깜짝 놀랄지도 모릅니다.

유아교육기관 프로그램에 '동화 뒷이야기 지어 보기'가 있습니다. 아이들에게 동화책을 반쯤 읽어 주고 다음 이야기를 지어 보는 것이지요. 동화를 2/3쯤 읽어 주고 뒷이야기를 짓기도 합니다.

"드디어 놀부네 박을 타게 됐어요. 슬금슬금 톱질하세. 금은보화 나와라. 슬금슬금 톱질하세."

여기까지만 들려주시고, "어떻게 됐을까?" 질문해 보세요. 아이들과 무궁무진한 이야기의 향연을 펼칠 수 있습니다.

장르 불문 명작은 '대화'

잠자리 대화 10분이 아이의 결핍을 채워줍니다

잠을 자는 시간은 아이들에게 외로움이 몰려오는 시간입니다. 어떤 아이는 무서움이 밀려오기도 하고, 어떤 아이는 칭얼거리며, 어떤 아이는 유독 잠들기 어려워합니다. 그럴 때 사랑하는 부모가 곁을 지켜 준다면 가장 위로가 되고 위안이 되겠지요. 아이가 잠들기 전,

곁에만 있어 줘도 안정을 줄 수 있습니다.

부모와 잠자리에서 함께 하는 시간은 아이의 정서를 풍요롭게 만듭니다. 하루 종일 함께하지 않았더라도 이렇게 보낸 10분이 아이의 결핍을 채워줄 겁니다. 그래서 이 시간을 '퀄리티 타임^{quality time}'이라고 합니다. 양적으로 부족했던 아이와의 시간을 질적으로 채워주는 동안 아이는 행복한 꿈나라로 가겠지요. 입가에 행복한 미소를 지으면서요.

따뜻한 한 마디
베드 타임
독서 지침

1 영유아기에는 의성어, 의태어 동시가 좋아요

2 리드미컬한 동시는 아이의 정서와 운율감을 키우고 어휘를 확장시켜요

의성어를 다양하게 바꾸어 느낌이 전달되도록 읽어 주세요.

: 팔랑팔랑 → 펄렁펄렁 → 펄럭펄럭

3 동요를 부르고 노랫말을 바꿔 보세요

곰 세 마리가 한 집에 있어 / 아빠 곰, 엄마 곰, 애기 곰

→ 지민이네 집에 네 식구가 있어 / 할머니, 엄마 아빠, 지민이

4 베드 사이드 스토리를 지어 보세요

아이와 함께 이야기를 주고받으며 창작하세요.

   : 엄마 한 문장, 아이 한 문장.

5 동시를 들려줄 땐 휴지(休止)를 잘 살려 읽어 주세요

행과 연의 아름다움이 잘 살아 있는 동시는 행과 행 사이, 연으로 넘어갈 때의 휴지를 잘 살려서 읽어 주세요. 행과 행은 '똑딱' 정도의 간격을 두어 읽어 주고, 연은 '똑딱똑딱'의 간격을 두어 읽어 주면 시의 느낌이 살아납니다.

똑똑똑(똑딱 쉬고)
문 두드리는 소리(똑딱 쉬고)
안에 누구 있어요?(똑딱 쉬고)
(똑딱똑딱 쉬고)

똑똑똑(똑딱 쉬고)
문 드리는 소리(똑딱 쉬고)
안에 누구 있어요!
-임영주 〈똑똑똑〉

아이와의 목욕 시간을 양보하지 마세요

"조마조마하고 아슬아슬해서 애 씻기고 나면 내가 다리 힘이 풀려. 게다가 애 엄마가 '어머니 그렇게 잡지 마시고요. 아 거기요. 아 그렇게 말고요. 어머니 여기 잡고 계세요. 제가 할게요' 이러면서 정신을 쏙 빼요. 차라리 힘들어도 나 혼자 하는 게 맘이 편해. 그런데 혼자 하다가 실수라도 하면 그 원망을 어떻게 들어. 애 목욕은 엄마 아빠 가 하는 게 제일 나은 거 같아."

"어느 날은 정말 힘들 때가 있어요. 손끝 하나 꼼짝하기 싫을 때요. 하루 종일 업무에 시달리고 와서 내 한 몸도 씻기 귀찮을 때도 있거 든요. 그럴 땐 어머니가 애 목욕 좀 시켜 줬으면 좋겠어요."

부모 된 기쁨을 유보하지 마세요

말랑거리는 피부, 만지기도 아깝고 소중한 아기. 아기를 목욕시키는 시간은 이런 아기의 속살을 맘껏 만지고 마사지해 줄 수 있는 최고의 시간입니다. 물속에서 온전히 엄마만을 의지하며 초롱초롱한 눈으로 나를 바라보는 아기를 보면 퇴근 후 피로가 눈 녹듯 사라집니다. 손가락 마디마디를 만져 보고 오동통한 발등에 뽀뽀도 해 주세요. 목욕시킬 때마다 언제 이렇게 컸는지, 감사한 마음을 갖게 됩니다. 이 소중한 시간을 누구에게도 양보하지 마세요. 어른들 말처럼 바짓가랑이를 붙잡아서라도 잡고 싶었던 그 시기는 정말 순식간에 지납니다.

물론 아기 목욕시키는 일이 번거롭기는 합니다. 바둥거리는 아기를 제대로 씻기는 일은 만만치 않습니다. 눈에 비눗물이라도 들어갈세라 조심하느라 목욕 시간은 길어지고 아기가 울기라도 하면 진땀이 바짝바짝 납니다. 나에게 힘든 일인데 어머니가 하려면 두 배로 힘들다는 건 말할 필요가 없겠지요.

어머니가 목욕까지 맡아 주었으면 하고 내심 바라는 것은 아기 목욕을 '일'로 생각하기 때문입니다.

그러나 이것이 '노동'일까요? '기쁨'일까요?

신생아와 영아기의 피부는 제2의 뇌입니다. 피부를 어루만지는 것은 아기의 뇌 발달을 촉진시키는 데 무척 중요합니다. 아기와 엄

마 아빠가 스킨십을 아주 많이 하면서 효과적으로 교감하는 시간이
바로 목욕 시간입니다.

또한 말없이 목욕을 시키는 경우는 없지요. 모든 부모는 아이에
게 말을 걸면서 많은 이야기를 들려주는데 이 시간을 통해 자연스레
아이 정서가 발달합니다. 아이가 쿠잉cooing과 옹알이babbling 시기라
면 엄마 아빠와의 목욕 수다에 자음과 모음으로 화답을 할 겁니다.
언어 발달을 위해 비싼 교구를 사 줄 필요가 있을까요? 아기 목욕을
시키며 나누는 수다는 무료입니다.

그뿐인가요. 아이의 정서발달에 이보다 좋은 게 또 있을까요?

아이를 목욕시키는 동안 엄마 아빠가 이런 대화를 나눠 보세요.

"아이고 예쁘다. 울 애기 목욕도 잘하네요. 자기야. 우리 하은이
웃는 거 좀 봐요. 그래 아빠지? 아빠가 우리 하은이 목욕시킨대요.
우리 하은이 예쁘대요" 엄마의 말이 끝나자 이번엔 아빠가 "우리 하
은이 오늘도 잘 놀았어요? 맘마도 잘 먹었어요? 어유, 더 예뻐졌네
요. 하루 동안 많이 컸네요" 합니다. 아빠의 중저음 바리톤 목소리는
아기에게 어떤 놀이 못지않게 기분 좋은 자극입니다. 또한 아빠가
아이를 씻기면 옥시토신이 활발히 분비되어 사회성 발달의 기초도
된다네요.

아이를 많이 안아 주면 엄마의 정서에도 좋습니다. 옴짝거리며
엄마를 바라보는 품 안의 자식. 이때야 말로 완벽한 품 안의 사랑스
런 자식입니다. 조금 힘들더라도 만끽해 보세요. 목욕시키며 어루만
지고 아기에게 하고픈 말 맘껏 해 주세요. 말한대로 아이가 자랄 것

이라는 믿음을 가져도 좋겠습니다. 몽실몽실 부드러운 내 아기의 속살을 만지면서 맘껏 스킨십을 한 엄마는 훗날 자녀와의 편안한 '대화와 소통'의 초석을 마련한 것입니다.

특히 신생아 시기의 목욕은 정말 특별하답니다. 만약 이 시기 엄마의 산후조리가 더 필요하다면 할머니한테만 맡기지 말고 아빠가 함께 동참하도록 계획을 세우세요. 아빠 육아가 대세인 요즘, 아기 목욕을 시킨 아빠라면 아이와의 애착 형성에 많은 도움이 됩니다.

아이를 키우는 데는 우선순위가 있습니다. 지금이 아니면 안 되는 일, 나중으로 미뤄도 되는 일이 있죠. 신생아기 목욕은 '지금이 아니면 안 되는 일'이어야 합니다. 만사를 제쳐 놓는다는 말도 있습니다. 만 가지 일 맨 앞에 놓이는 일이 바로 신생아기, 영아기 아기 목욕입니다.

아기를 목욕시키는 것은 아기의 성장을 확인하는 일이고 이 시기는 빨리 지납니다. 어머니가 "일하고 오느라 피곤하니 목욕은 내가 시키마" 하셔도 "어머니, 아기 목욕은 저희가 시킬게요"라고 말씀드리면 어떨까요. 아기의 까르르 행복한 웃음소리가 들리는 듯합니다.

집에서 아이와의 시간을 귀하게 쓰세요

아이를 낳고 겨우 한두 달 쉬고 직장에 복귀하니 만만치 않습니다, 엄마는 잠이 쏟아지는데 아이는 밤에 안 자니 몸은 늘 피곤합니다.

...

말랑거리는 피부, 만지기도 아깝고 소중한 아기. 아기를 목욕시키는 시간은
이런 아기의 속살을 맘껏 만지고 마사지해 줄 수 있는 최고의 시간입니다.
이 소중한 시간을 누구에게도 양보하지 마세요. 어른들 말처럼 바짓가랑이를 붙잡아서라도
잡고 싶었던 그 시기는 정말 순식간에 지납니다.

믿고 맡긴 어머니는 내 맘에 척척 맞게 아이를 키우시는 것도 아닙니다. 남편은 남편대로 지친 표정이 역력하고 도대체 뒤죽박죽인 것 같습니다. 그러다보니 너무 피곤한 날에는 잠시 아이를 내버려 두고 싶습니다. '내가 이런 마음을 가져도 될까' 죄책감까지 들지요.

하지만 아이는 한 순간도 방치하면 안 되는 소중하고 소중한 존재입니다. 신이나 할 것 같은 '인간 창조'를 우리가 했습니다. 위대한 일을 한 겁니다. 아이의 일생이 우리 부모 손에 있는데 어떻게 힘들고 피곤하고 한숨 나지 않을 수 있겠어요. 훗날 몇 십만 원, 몇 백만 원 들여 아이들 가르치느라 돈을 쓰면서도 '그저 아이 앞길이나 터 줬으면' 하는 게 부모 마음입니다. 그 비용 대느라 평생 휘청이며 일하고 뒷바라지하는 게 대부분의 대한민국 부모입니다.

영유아기에 사랑만 흠뻑 줘도 우리 아이는 잘 큽니다. 이때 많이 안아 주고, 어루만지고, 눈 맞추세요. 엄마 아빠가 사이좋게 지내며 아이를 번갈아 안아줄 때 아이의 앞길이 밝아집니다.

아이가 없을 때는 집에 가는 것만 기다렸는데 아이가 생기고 나서는 퇴근길 발걸음이 무겁다고 하는 엄마가 있습니다. 초보 직장맘의 애로사항을 어찌 말로 다 하겠어요. 몸은 몸대로 힘들고 어머니께 아이를 맡긴 처지라 마음도 편치 않습니다. 자은 갈등이라도 몸과 마음이 지친 상태에서는 위기 상황으로 다가옵니다. 많은 엄마들이 심신의 조화가 깨지고 삶의 의욕도 없어진다고 합니다. 산후우울증이 오래 가는 엄마들도 있어요.

몸은 제대로 회복도 안 되었죠. 직장에 나가려면 어떤 옷을 입을지 난감합니다. 밤에 자주 깨서 우는 아이 때문에 잠을 뒤척였더니 얼굴은 퉁퉁 붓고 몸은 천근만근 무겁습니다. 아이를 보면 괜스레 눈물이 주르륵 납니다. 잘 자랄지, 잘 키울지 직장에 나가도 마음은 여전히 편치 않습니다. 이런 마음으로 회사의 일과 가정의 일을 잘 양립하는 건 힘든 일입니다. 회사에서 일을 하면서도 마음 한편에는 언제나 아이 생각에 걱정이 가시지 않습니다. 엄마에게 퇴근 시간은 이제야 비로소 긴장이 풀리는 시간입니다. 예민하게 날을 세우고 있던 긴장이 풀리면서 몸과 마음이 모두 지칩니다.

이럴 때일수록 아이와의 시간을 많이 가져 보세요. 아이들과 놀아 주는 시간은 일이 아니라 에너지 충전이라고 생각해 보세요. 일로 여기면 안 해도 될 것을 한다는 억울함이 생길 수 있습니다.

'만일 내가 다시 아이를 키운다면'

지나고 나서 돌이켜 안다는 것은 참 안타까운 일입니다. 아이는 다시 그 시절로 돌아가지 않습니다. 우리 또한 아이의 그 시절을 다시 경험할 순 없습니다.

몇 년 전부터 저는 다이아나 루먼스의 시 〈만일 내가 다시 아이를 키운다면〉을 좋아하게 되었습니다. 젊은 시절에 이미 자주 접해 유명한 시인줄은 알았지만 마음에 와 닿지는 않았습니다. 부모 교육을 시작하고 엄마들과 만나면서 이 시가 어찌나 절절한지 깨닫게 되었지요.

'아이와 함께 손가락 그림을 더 많이 그리고 / 손가락으로 명령하는 일은 덜 하리라 / …(중략)… / 아이와 하나가 되려고 더 많이 노력하리라 / …(중략)… / 들판을 더 많이 뛰어다니고 별들을 더 오래 바라보리라'

알면서도 놓치는 것이 왜 이리 많은지요. 정말 중요한 것은 지극히 평범해서 그런가 봅니다. 그냥 보내 놓고 아쉬워합니다. 하지만 아무리 아쉬워해도 지나간 시절은 다시 돌아오지 않습니다. 그 당시 중요하다고 생각했으면 더 애지중지했겠지요. 아니 나름 소중한 시간을 지냈다 해도 지나고 난 뒤 돌아보면 아쉽고 부족하기만 합니다.

더 많이 안아 주고, 더 많이 사랑한다고 자주 속삭여 주세요.

행복한 아이와의 목욕 시간

1 목욕의 과정을 생중계하듯 말하세요

"우리 하은이, 이제부터 목욕할 거예요. 옷 벗고…… 이제 따뜻한 물에 들어가네요. 아~ 따뜻해라. 물이에요. 따뜻한 물로 얼굴도 닦고, 등도 닦고. 이제 머리도 감을 거예요. 우리 아기 머리도 감고…… 이제 헹구는 거예요. 아~ 따뜻해라. 목욕 다했네요. 향기로워라. 수건으로 뽀송뽀송 물기도 닦아요. 옷 입자. 아~ 좋아라. 새 옷 입네요. 우리 아기 목욕 다했어요."

2 목욕을 시키며 아기에게 말을 걸고 성장에 대해 이야기하세요

"우리 아기 많이 컸네. 이 손가락들을 좀 보세요. 고물고물 잘도 움직이네요."

3 아기가 목욕할 때 울면 어떻게 할까요?

- 물의 온도, 아기 컨디션 등 목욕을 위한 최적의 조건인지 확인하세요.
- "왜 울어?"라는 말로 힘 빼지 마세요. 이 말을 할 때는 말투가 다정하지 않고 짜증이 섞일 수가 있으므로 삼가세요.
- "우리 아기, 목욕하는 게 힘들어요? 엄마가 목욕 잘해 줄게요" 아기 맘을 어루만지듯 따뜻하게 반응하며 목욕을 시키세요.

4 아이와의 목욕을 통해 성장을 확인하세요

아동기의 아이에게도 목욕 시간은 최대 스킨십의 시간입니다. 아들과의 목욕은 아빠가, 딸은 엄마와 함께하는 것이 좋습니다. 아이의 성장을 느끼며 성장에 대한 궁금증도 풀어 주세요. 머리를 말릴 때는 아들은 엄마가, 딸은 아빠가 해 주시면 어떨까요?

육아가 힘겨울 때 추천하는 시

만일 내가 다시 아이를 키운다면

– 다이아나 루먼스

만일 내가 다시 아이를 키운다면
먼저 아이의 자존심을 세워 주고 / 집은 나중에 세우리라.

아이와 함께 손가락 그림을 더 많이 그리고
손가락으로 명령하는 일은 덜 하리라.

아이를 바로 잡으려고 덜 노력하고
아이와 하나가 되려고 더 많이 노력하리라.

시계에서 눈을 떼고 / 눈으로 아이를 더 많이 바라보리라.

만일 내가 다시 아이를 키운다면
더 많이 아는데 관심 갖지 않고 / 더 많이 관심 갖는 법을 배우리라.

자전거도 더 많이 타고 연도 더 많이 날리리라 .

들판을 더 많이 뛰어다니고 / 별들을 더 오래 바라보리라.

더 많이 꺼안고 더 직게 다투리라.

도토리 속의 떡갈나무를 더 자주 보리라.
덜 단호하고 더 많이 긍정하리라.

힘을 사랑하는 사람으로 보이지 않고
사랑의 힘을 가진 사람으로 보이리라.

넘쳐도 지나치지 않은 스킨십 놀이

'쪽쪽' 뽀뽀 한 번.

'꼬옥' 한 번 안고.

'쪽쪽' 뽀뽀 한 번.

'꼬옥' 한 번 안고.

매일 아침 현기네 현관 풍경입니다. 마치 라임처럼 읽히는 리드미컬한 모자의 안녕 의식입니다. 가족들은 이것을 '출근 놀이'라고 했습니다.

현기 엄마의 출근 놀이에 할머니도 동참합니다. 옆에서 카운트다운을 하는 거지요.

"자, 이제 열 번이다. 현기야, 이제 엄마께 인사하자."

그러면 현기가 다소곳이 두 손을 배꼽에 포개고 인사를 합니다.

"엄마, 다녀오세요."

현기 엄마는 현기의 인사를 받은 후 현기 할머니에게 현기처럼 손을 포개 90도 '폴더 자세'로 인사를 드립니다.

"어머니, 저 다녀오겠습니다."

"그래 어멈아. 잘 다녀와라."

•

아이가 만족할 만큼 온몸으로 안아 주세요

매일 하는 이별이지만 아이는 엄마와의 이별이 늘 아쉽습니다. 현기는 얼마 전까지 "엄마 가지 마, 엄마 안 돼. 나랑 있어 줘⋯⋯" 하며 엄마를 놓지 않고 눈물을 보이는 통에 엄마도 할머니도 아침마다 진땀 빼기 일쑤였습니다. 그러다 아이와 아침에 어떻게 하면 좋은지 이야기를 나누었습니다. 아이는 엄마가 출근하지 않았으면 좋겠다고 했습니다. 하지만 현기 엄마는 할머니로부터 일단 엄마가 가고 나면 울음 끝이 길지 않다는 이야기에 희망을 갖고 여러 번 현기와 마주 앉아 협상을 했습니다. 그런 과정 끝에 둘이 내린 결론은 아침에 울지 않고 '안녕' 하면 엄마가 오기로 약속한 시간에 온다는 것이었고 아이에게 큰 시계로 알려 주었습니다.

"엄마가 여기 숫자, 7에 올 거야. 약속!"

그리고 엄마는 일주일 동안 무슨 일이 있어도 그 시간을 지켰습니다. 이후 늦을 일이 생기면 이야기를 미리 하고 그럴 때는 스티커

나 선물로 양해를 구했습니다.

현기네는 아이와의 스킨십이 출근을 위한 것이었지만 아이를 자주 안는다는 것은 엄마와 아이 모두에게 좋은 영향을 준다는 사실을 차츰 알게 되었습니다. 그러면서 아빠도 출근할 때 스킨십으로, 퇴근 때는 현기가 원하는 것을 해 주기로 했습니다. 놀랍게도 현기는 퇴근 때도 '안아 주기'를 제일 원했습니다. 번쩍 들어 올려 안아 주는 것을 특히 좋아했습니다.

'영유아기 아이들에게 무엇을 해 주면 좋은가요? 어떤 게 가장 필요할까요?' 하는 질문을 자주 받습니다. 특히 할머니가 육아를 맡는 경우 낮 시간 동안 부족했던 부모와의 애착을 어떻게 채울지 묻는 엄마들이 많습니다.

그런 엄마들에게 스킨십과 밤 놀이를 추천합니다.

스킨십은 아이가 어릴수록 엄마가 더 많이 해줘야 합니다. 아이가 "엄마, 그만해" 할 정도로 아이를 안아 주라고 자주 권합니다. "사랑해"라고 말하는 표현도 중요하지만 몸으로 표현하는 것은 더욱 중요합니다. 아이가 만족할 만큼 안아 주세요. 헐렁하지 않게 감질나지 않게 꽉 차는 느낌이 들도록 안아 주세요. 아이가 "그만!"이라고 외칠 때까지 안아 주세요. 스킨십은 넘쳐도 좋습니다. 안아 줘서 버릇없어지는 아이는 없습니다.

특히 출근과 퇴근을 이용해 스킨십을 하면 좋습니다. 헤어짐의 슬픔을 채워 주는 강력한 사랑 전달법입니다. 아무리 바빠도 1분이

 충만한 관심과 사랑을 느낀 아이는 할머니에게 칭얼거림도 적습니다. 찡찡거리고 칭얼거리는 것은 대체로 욕구 불만의 표현입니다. 아이의 욕구불만을 만족으로 바꾸는 힘이 엄마의 1분 포옹입니다. 안으면서 속삭이는 것을 잊지 마세요.

수식어는 참, 아주, 많이, 정말, 무척, 매우 등으로 매일매일 바꾸어 주세요. '정말 사랑해'라는 말로 통일하기보다 이런 수식어를 다양하게 활용하면 아이의 어휘가 확장됩니다.

아빠의 출근 스킨십도 마찬가지입니다. 퇴근 스킨십 때에는 유의점이 있습니다. 하루 종일 자란 수염으로 아이가 따가울 수 있으니 얼굴 비비는 것은 삼가세요. 번쩍 안아 올려 아빠의 힘을 아이에게 전해 주는 포옹이 좋습니다. 엄마는 어깨 높이만큼 안아 올리는 것이 쉽지 않으니 엄마가 하기 어려운 스킨십을 '아빠 스킨십'으로 계발하면 좋습니다.

층간 소음을 줄이며 놀아 주는 '밤 놀이' 육아

늦은 저녁 시간 아이는 잠을 안자고 아빠의 퇴근을 기다립니다. 아빠는 몸이 천근만근이지만 하루 종일 할머니와 지냈을 내 아이를 생각하며 부부가 잠시 육아에 마음을 합칠 시간이지요.

이 밤에 뭘 하고 놀아 주면 좋을까요.

밖으로 나갈 수 없는 시간이니 집에서 하는 '밤 놀이'를 계발해 볼까요. 밤 놀이는 하루 종일 부모와 떨어져 지낸 아이에게 주는 선물이니까요.

슈퍼 대디는 못 될지언정 그래도 평균 아빠는 되어야 한다는 생각을 가진 아빠들에게 짧은 시간을 놀아 주어도 양질의 시간을 보낼 밤 놀이를 소개합니다. 아이들은 뛰는 것을 좋아하니 층간 소음 걱정 없는 놀이로 접근해 볼까요?

이불에 숨어 노는 '누구 없다' 게임은 아이들이 참 좋아하는 놀이입니다. 영아기라면 이불로 '까꿍 놀이'는 어떨까요.

아이들은 자신의 몸을 감싸 주는 것을 좋아하니 이불 말이, 이불 그네, 이불 빠방(자동차) 등 안정감을 느낄 수 있는 놀이도 좋습니다. 엄마 아빠와 함께 뒹굴며 놀 수 있어 행복해 합니다. 이때 유의할 점은 아이와 시간을 정하는 것입니다. 그렇지 않으면 엄마 아빠의 휴식 시간이 부족할 수도 있으니까요.

"시계 보자. 작은 바늘이 9에 있을 때까지 놀 거야"라고 정해진 시간을 이야기하고, 규칙도 정합니다. 만약 뛴다면 놀이를 할 수 없다는 규칙을 만들어 층간 소음 걱정을 덜 수 있습니다.

순발력 키우기 놀이로 한글을 놀이처럼 알려줄 수도 있습니다.

책 제목을 듣고 까치발로 책을 가져오는 놀이지요. 아이들은 신나면 저절로 뛸 수 있으니까 까치발을 하는 건 엄마의 지혜로운 놀이 제안입니다. 층간 소음으로 이웃과 한 번 문제가 생기면 일상생활이 예민해지니 모두에게 피해가 가지 않도록 반드시 아이와 놀이 규칙에 대한 약속을 해야 합니다. 이런 놀이는 외출이 어려운 주말에도 좋습니다.

밤 시간에 놀아 주지 못할 경우도 있지요. 책 읽어 주기도 힘겨울 때가 있습니다. 그렇다면 10분 정도 아이의 몸을 마사지해 주는 건 어떨까요? 부모의 스킨십은 아이에게 마음의 평화를 주고 편안함을 선물합니다.

엄마의 스킨십

1 출근 의식

5분 앞당겨 출근 준비를 하고 아껴 둔 5분을 아이와 나누세요.

- 안아 주세요, 꽉 안아 주세요.

  : 아이가 만족할 만큼 길게 안아 주세요, 거실에서 달려와 다섯 번 엄마 안기를 실천해도 좋습니다.

- 서로 인사하세요

  "다녀오겠습니다.", "다녀오세요."

- 엄마한테 하고 싶은 말 세 가지를 들어 주세요.

  "사랑해요.", "오늘 할머니 말씀 잘 들을게요.", "친구들과 사이좋게 놀게요."

2 퇴근 의식

하루 종일 기다렸던 아이에게 현관에서부터 애정을 가득 주세요.

- 합체 되기

  : 현관에서 꽉 안기

- 서로 인사하세요

  "(어머니께 먼저 깍듯하게 인사드리기)어머니, 다녀왔습니다."

  "(아이가 꼭 현관으로 나오도록 하고)○○야, 엄마 다녀왔어."

3 퇴근 후 집안일이나 기타 일을 해야 할 때

- 종일 엄마를 기다린 아이입니다. 아이에게 양해를 구하고 일하세요.

  "저리가 엄마 바쁘잖아" No!

  "그래. 우리 딸, 엄마 일하는 동안…… 엄마 옆에서 놀까?" Yes!

- 너무 바쁘다면 엄마의 옷이라도 잡고 다니게 하세요.

  "엄마 옷을 잡으면 엄마랑 쏭 통하는 거야~" Yes!

아빠의 스킨십

아빠 스킨십이 중요합니다. 엄마도 할머니도 할 수 없는 아빠만의 스킨십을 부부가 같이 고민해 계발하고 실천하세요.

1 퇴근 놀이

- 번쩍 안아 올리기
- 무등 태워주기
- 안아서 빙빙 두세 바퀴 정도 돌려 주기
- 몸 그네 태워 주기(안아서 앞뒤로 흔들기)

  : 이 정도면 퇴근 놀이는 훌륭합니다. 이후에 아빠의 저녁 일과를 시작한다면 아이는 아빠에 대한 사랑의 갈망으로 조급하지 않습니다. 더불어 "오늘 우리 지은이 밥을 많이 먹었나보다. 많이 컸는데?", "오늘 생각 주머니가 커졌나 봐. 아침보다 듬직한 걸" 등의 언어 스킨십과 함께라면 퇴근 시간은 더욱 즐거워집니다.

2 저녁 식사 후 몸 놀이

- 아이가 영유아기라면 발등에 올려 걸음마 놀이
- 세발자전거 타기 등 20분 정도 바깥 활동
- 만약 몸이 피곤해서 정말 힘든 날은 아이에게 이해 구하기

  "아빠가 조금 쉬고 싶은데……", "그래? 그럼 내 옆에서 쉬어"라고 아이가 말하면 "네가 노는 것을 아빠가 볼게" 하고 아이가 노는 것을 봐 주는 것만으로도 아이는 함께한다고 느낄 수 있습니다. "어! 잘 만드는데? 재밌게 노는데?" 아이와 말로 상호작용하면서 눈을 마주치면 아이는 따스한 미소를 보낼 것입니다.

정리 시간은 아이와 엄마의 대화 시간

"하루 종일 이렇게 하고 논 거야? 아유 정신없으니 얼른 치워."
아이 엄마의 말에 할머니는 거실을 둘러봅니다. 이 정도면 웬만큼
정리가 된 상태인데 엄마 눈엔 어수선해 보입니다.
"엄마, 이거 할머니랑 다 치운 거야."
"뭐가 치운 거야. 좀 있다 밥 먹을 건데. 마저 정리해야지."
엄마가 보기엔 온통 정신없이 어질러진 거실이지만 할머니의 입장
에서는 이만하면 깨끗합니다.

"나도 모르게 오후 다섯 시만 넘으면 '이따 엄마 오면 혼난다. 얼른
치워' 하고 손주한테 잔소리하게 돼요. 종일 잘 놀다가 장난감 정리
때가 되면 애한테 인심 잃기 딱 좋아요.

'할머니는 맨날 맨날 치우래. 나 못 놀았는데……' 하고 손주가 투덜 거리죠. 그나저나 요즘은 애들 장난감이 너무 많아요. 그러니까 더 정신이 없어요. 한 가지씩 가지고 놀라고 할 수도 없고. 어떤 때는 장 난감을 조금 숨겨 놓고 싶은데 애 엄마가 다 필요하다면서 그러지 말래요. 그러면 어질러 놓는다고 말이나 하지 말지."

어머니에게 정리를 강요하면
아이의 놀이 활동이 위축됩니다

아이가 하루 종일 펼쳐 놓고 논 것을 '어질러 놨다'고 굳이 부정적 표 현을 하는 것은 무슨 마음일까요. 장난감 정리를 안 하면 '지저분하 다'고 표현하는 엄마도 있습니다. 비싼 돈 들여 구입한 장난감들인데 지저분할 리가 있나요. 장난감을 늘어놓은 것이 지저분하단 얘기이 겠죠. 알고 보면 엄마 오기 전에 할머니랑 아이가 부지런히 정리했지 만 좀 전에 애가 또 놀다 보니 어질러진 것일 수도 있습니다. 이래저 래 아이들의 장난감이 많긴 합니다. 그러니 어수선해 보일 때가 많지 요. 더구나 놀고 난 직후라면 복잡해 보이는 건 더 말할 것도 없고요.
　하지만 유아기 아이는 정리를 하기에는 아지 어립니다. 그런데 지저분하다, 어질러 놨다고 표현하면 할머니에게 아이의 장난감 정 리를 강요하는 것이자 자칫 아이 노는 것을 제한하게 될 수도 있습 니다. 아이는 할머니 눈치 보느라 제대로 놀 수도 없고요. 아이들은

벌려 놓고 노는 것을 좋아합니다. 반면 정리는 서툽니다. 어른이 도
와주지 않으면 제대로 된 정리는 어렵습니다. 할머니가 아이와 잘
놀아 주고 정리까지 완벽하게 하기엔 힘이 부칩니다.

●

"엄마와 장난감 정리 놀이 해 볼까?"

'정리해라'는 아이에게 잔소리로 전달되기 쉽습니다. 정리하라는 말
을 척척 듣는 아이는 드뭅니다. 유치원에서 정리 시간에 유독 정리
를 안 하는 아이들이 있습니다. 물어보면 이렇게 말합니다.
　"내가 갖고 논 거 아니에요."
　그맘때 아이들에게 정리는 재미없는 일입니다. 유치원에서도 정
리 시간은 번잡한데 하물며 집에서 할머니의 한 마디 말에 정리하는
어린 아이를 기대할 수 있을까요?
　아이 장난감과 방 정리는 엄마의 몫으로 정하세요. 어머니에게
정리를 바라는 건 쉽지 않다고 인정하면 서운할 일이 없고 마음도
편합니다. 하지만 너무 광범위하게 어질러 놓으면 퇴근해서 힘드니
까 약속을 정하면 좋습니다. 카펫을 깔아 주고 그 안에서 놀라고 아
이와 약속을 정해 보세요.
　방과 거실의 장난감 정리는 일주일에 한 번 정도가 좋습니다. 너
무 잦은 정리는 아이의 놀이 활동을 위축시킬 수 있으니까요. '에이
치우기 싫은데 가지고 놀지 말자' 하며 장난감에 흥미를 잃을 수도

있습니다. 아이들은 무언가 열심히 가지고 놀아야 오감이 발달하며 쑥쑥 잘 자랍니다.

정리를 '일'로 보면 엄마도 아이도 스트레스입니다. 하지만 엄마가 오기 전까지 정해진 장소에서 맘껏 놀게 하고 엄마가 돌아온 후 함께 정리하는 시간을 가진다면 아이는 어느새 분류하는 법을 배우고, 엄마와 이야기를 나누며 낮 동안 함께 하지 못한 결핍의 시간들을 채웁니다.

아이가 돌만 넘으면 거실에 넘치는 것이 교구와 장남감인 우리 문화에서 정리정돈은 고심이 아닐 수 없지만, 저녁 시간에 아이와 장난감 정리 시간을 아이와 상호작용하는 시간으로 활용하는 것도 아이를 잘 키우는 비법입니다. 장난감 정리하며 "오늘은 유치원에서 어떤 놀이했어? 누구와 놀이 했어?" 등을 물어보면 아이의 일과와 좋아하는 놀이, 아이의 친구에 대해서도 알 수 있습니다.

"하루 종일 이렇게 하고 논 거야? 아유 정신없어 얼른 치워"라고 말하며 짜증낼 수도 있지만 "재밌게 놀았구나. 이제 엄마와 장난감 정리 놀이 해 볼까?"라는 말로 아이와 소통할 수도 있습니다. 같은 상황에서 우리 아이는 어떤 엄마를 원할까요?

•

안전한 장난감 소독법은 젊은 우리가 알잖아요

"엄마, 애 장난감을 세제로 하면 어떻게 해. 입으로 물고 빠는데 엄만 위생 관념도 참."

큰맘 먹고 애 장난감 세척하려다가 웬 봉변인가요. '한 깔끔' 하는 어머니는 딸의 '위생 관념'이라는 말에 어이가 없습니다. 애 장난감 한 번 칫솔로 일일이 닦아 주기나 하고 그런 말 하는 건지 야속합니다.

아이 장난감 소독도 엄마가 하는 게 좋습니다. 베이킹파우더 물에 풀어서 장난감을 담가 놓았다가 휘휘 저어 헹구기만 해도 효과가 있습니다. 더 좋은 세척법은 아마 엄마들이 더 잘 알고 있을 거예요.

'아는 것과 하는 것'은 자음 하나 차이지만 실제로는 엄청난 차이지요. 아는 것을 동원해서 어머니한테 하라고 요구하는 건 아닌지 살펴봐야 합니다. 세제 풀어 장난감 담갔다 칫솔로 닦아 주는 '정성'은 안 보이고 어머니가 사용한 '세제'만 지적하는 건 너무 이기적입니다.

우리 아이가 어떤 장난감을 가지고 노는지, 어떤 장난감을 좋아하는지, 아이의 장난감을 소독하며 구입할 때 몰랐던 것들을 알 수 있습니다. 엄마는 육아를 '이론'으로 하지 말고 몸으로 '실천'해야 합니다.

퇴근 후에 아이를 데려와야 할까요?

"육아휴직을 마치고 회사에 복귀한 지 오래되지 않았어요. 아이는 친정 부모님께 맡겼고요. 부모님은 제가 일하기로 결정한 이상 아이를 잘 봐줄 테니 평일에는 회사에 집중하고, 아이는 주말에만 데려가라고 하세요. 애착 형성에 부정적인 영향이 있을까 걱정이 돼요."

"아이를 봐 주시는 부모님과 멀지 않은 곳에서 살아요. 늘 퇴근 후에 집에 데리고 오는데 업무가 고되어 피곤한 날엔 저녁에 아이를 데려오고 싶지 않은 날이 있어요. 아이는 엄마를 온종일 기다렸을 텐데 너무 미안해집니다."

"쫑알쫑알 말이 많은 시기의 아이를 키우는 직장맘은 퇴근 후에 아이에게 오늘 할머니하고 뭐하고 놀았는지, 어떤 게 즐거웠는지, 눈을 맞추고 물어보고 웃어주는 게 굉장히 중요하다고 알고 있어요. 하지만 몸이 피곤할 때는 이런 것들을 다 잊게 돼요."

•

지금 이 순간은 지나가 버리며
아이는 기다려 주지 않습니다

제아무리 새벽형이라도 아기를 키우는 부모가 되면 아침 시간은 늘 분주하고 피곤하고 힘듭니다. 만약 밤낮이라도 뒤바뀐다면 그야말로 엄마의 아침 시간은 지옥 같습니다. 직장 다니랴 집안일 하랴 아이 돌보랴 밤에 잠이라도 푹 자면 좋으련만 그것도 여의치 않습니다.

　신생아기를 지나 영아기와 유아기가 되어도 나름의 고충이 있습니다. 출근 시간은 정해져 있지만 아이의 기상 시간은 일정하지 않죠. 아이가 아침에 늦게 일어나기라도 하면 칭얼대는 애를 깨워서 어머니에게 맡기고 출근합니다. 서두르면서도 아이가 안쓰러워서 맘이 편치 않습니다. 출근을 해도 아이에게 미안해서 마음이 가라앉지 않는 경우도 있지요. 이중고 삼중고입니다.

　이 문제가 반복되다보니 어머니는 "애도 힘들고 너도 힘드니 주말에만 데려가는 게 좋겠다" 권합니다. 어떻게 하는 게 좋을지 주위 선배 엄마들에게 물어보니 데려와라, 놔둬라, 의견이 나뉩니다. 어떻게 하면 좋을까요?

부모가 되면 책임질 사람이 생기니 피곤과 분주함을 극도로 느낄 때가 있습니다. 그럴 때는 아이를 돌보는 것이 엄두가 나지 않는다는 엄마도 있습니다. 아이를 잠시 떼어 놓고 쉬고 싶은 게 솔직한 마음이지요. 하지만 그렇게 하면 몸은 편할지라도 마음이 편치 않습니다.

전문가로서 조언을 드릴게요. 아이와 할머니 그리고 엄마가 가장 덜 힘든 방법을 선택하세요. 아이와의 애착을 생각한다면 당연히 엄마 아빠와 저녁 시간을 함께 보내는 것이 좋습니다. 하지만 엄마 아빠의 퇴근 시간과 그날의 체력, 집안일의 경중에 따라 융통성을 발휘해도 괜찮습니다.

만약 엄마가 아이를 데려와 힘이 부친 나머지 짜증을 내며 아이와 시간을 보낸다면 애착 형성에 도움이 되기는커녕 불안정 애착 형성과 아이의 정서 불안만 키울 뿐입니다. 남편과 집안일을 분담하고 부부의 퇴근 시간이 일정하다면 두 번 생각할 것 없이 퇴근 후부터 아이와 부모가 함께 시간을 보내야 합니다.

아이가 성장하는 지금 이 순간은 지나가 버리며 아이는 기다려 주지 않습니다. 영유아기의 아이에게 부모와 지내는 시간은 특히 중요합니다. 따라서 부모의 시간을 아이에게 맞춰야 하고 이 시간이 아깝다 여기지 말아야 합니다. 부모의 사랑을 갈구하고 그 사랑을 온전히 받아들이는 시기도 오롯이 이 시기입니다. 놓치지 마세요. 아이가 부모를 필요로 할 때는 금방 지나갑니다. 또한 아이가 부모를 절실히 필요로 하는 시기는 의외로 정말 짧습니다. 훗날 부모가 아이와 함께 지내고 싶어 요청해도 아이는 이미 친구와 함께하는 걸 좋아하고 부모와 거리를 둡니다. 지금 이 순간 아이는 세상의 어떤 것보다 부모님을 가장 원합니다.

양적인 시간보다 질적인 시간이 중요합니다. 그렇다고 양적인 시간이 중요하지 않다는 것은 결코 아닙니다. 양적으로 많은 시간을 보낼 수 없는 현대의 젊은 엄마 아빠들의 현실을 감안해서 육아 시간은 짧더라도 질적으로 승부하라는 것이지요.

그럼에도 쉬고 싶고 도저히 몸도 마음도 여유가 없다고 엄마 스스로가 인정한다면 한 달에 한두 번 정도는 자신에게 시간을 투자하세요. 이튿날 그 몇 배로 아이와 양질의 시간을 보낸다는 전제로 말이지요. 부모 노릇은 누구도 대신할 수 없기에 더 위대합니다.

아이에게는 털털한 엄마가 필요해요

엄마는 집안일 하느라 종종 거립니다. 아침에 정신없이 나갔다 저녁에 돌아온 집에는 할 일은 태산이고 할수록 첩첩인데 아이는 '엄마바라기'로 엄마 뒤만 종종거리며 쫓아다닙니다.

아이는 무슨 할 말이 많은지 엄마 따라다니며 말하는데 엄마의 살림 소리에 묻혀버리기도 합니다. 무엇을 선택할지, 어떻게 하는 게 현명할지 머리가 복잡하네요. 집안일을 뒤로하고 아이를 보는 게 나을까요?

아이가 성장하는 지금 이 순간은 지나가 버리며 아이는 기다려 주지 않습니다.
따라서 부모의 시간을 아이에게 맞춰야 하고 이 시간이 아깝다 여기지 말아야 합니다.
부모의 사랑을 갈구하고 그 사랑을 온전히 받아들이는 시기도 오롯이 이 시기입니다.
놓치지 마세요. 아이가 부모를 필요로 할 때는 금방 지나갑니다.

흔히 집안일은 해도 끝없고 표도 안 나는 일이라고 말합니다. 그러니 안 한다고 해서 천지개벽이 될 일도 아니니 조금 미뤄 둬도 됩니다. 아이가 열 살 될 때까지는 엄마 스스로 생각해도 너무 깔끔한 성격이라면 육아를 위해 조금 털털한 성격이 되었으면 좋겠어요.

집이 어지러워도, 아이 손에 과자가 들려 있어 부스러기가 신경 쓰여도 눈 딱감아 보세요. 소파에서 뒹굴뒹굴하며 간지럼을 태우고 껴안는 등 스킨십을 하며 노는 게 아이를 행복하게 합니다.

"오늘 뭐했어요?" 눈을 맞추며 묻고 종알거리는 아이의 입에 주목해 주세요. 고개 끄덕이며 "그랬어?", "그랬구나", "좋았겠네" 맞장구치며 즐거운 추임새를 넣어 주세요. 얼마나 하고 싶은 말이 많을까요? 할머니가 간식 주신 이야기며 유치원에서 친구와 했던 놀이, 친구들과 함께 부른 동요…….

아침에 쌓아 둔 설거지 거리가 주방에 가득하더라도 이렇게 눈을 맞추고 이야기하는 시간은 엄마와 아이 모두에게 필요합니다. 청소하고 설거지하는 것은 엄마에게는 중요한 일일지 몰라도 아이에게는 야속합니다. 장난감을 혼자 갖고 놀게 하거나 교육용 비디오를 보라고 하니 아이 입장에서는 얼마나 서운할까요.

그럼 밀린 일들은 어찌하고 아이만 붙들고 있나요?

집안일이 지나치게 밀려 있다면 아이에게 엄마 치맛자락이라도 붙들고 있게 하세요. "엄마 설거지 놀이 할게. 우리 준하는 뭐할까?" 하고 엄마도 설거지를 놀이처럼 여기는 모습을 보이면 좋을 것 같아요. 그런 시간일지라도 엄마는 아이를 바라봐 주고 고개 끄덕여 주고 추임새를 넣어 줄 수 있어요. 그 정도로 아이에게는 충분합니다. 엄마의 치마를 잡았으니 엄마랑 연결되어 있다고 얘기해 주세요.

부모라는 직업은 사표도 낼 수 없는 평생 직업입니다. 일도 고되고 몸도 고되고 맘도 늘 졸이며 해야 할 일이 끝도 없는 직업, 부모입니다. '아이에 대한 사랑'이 없다면 이 극한 직업을 견디고 기꺼이 감내할 수 없을 것입니다.

배려를 잊은
엄마에게

'
어머니가 행복해야
내 아이도 행복합니다
,

부모님의
노후를
지켜 드리세요

"통계청 자료에 가장 원하지 않는 노후 생활이 '손주 양육'이고, 가장 원하는 노후 생활은 '취미 활동'을 하는 거라고 해요. 이 자료를 보고 가슴이 철렁 내려앉았어요. 어머님, 아버님께 갓난아기를 맡겼는데 말도 못 하시고 속으로 얼마나 저희를 원망했겠어요. 두 분이 정말 나들이를 좋아하셔서 노후에는 여행을 하면서 여유롭게 살고 싶다고 입버릇처럼 말씀하셨거든요. 근데 제가 아기를 맡기면서 두 분의 계획이 틀어진 거예요. 얼마나 죄송한지 몰라요.

저희가 연차를 내면 되니 부모님께 여행 다녀오시라고 하면 '너희들이나 가라'고 하세요. 저희가 일찍 아이를 가져 신혼 생활이 없었다고 시간이 나면 저희더러 여행 다녀오라고 양보하세요. 평소에는 주말에나 시간이 나는데 1박 2일로 여행 보내드리려니 오히려 몸만 고

되실 것 같아 선뜻 권할 수가 없어요. 아이를 맡기는 입장에서 늘 죄
송하기만 하네요."

•

실천 가능한 것부터 시작하세요

국내 여행도 평생 못 할 만큼 갈 곳이 많습니다

어머니에게 아이를 맡긴 부모들을 대상으로 한 강연에서 여행을 보
내 드리라고 권했더니 "언제부터인가 해외여행쯤은 되어야 보내 드
리는 것 같아서 선뜻 권하지 않게 돼요"라는 대답을 들은 적이 있습
니다. 그런데 이렇게 생각한다면 부모님 해외여행 한 번 보내 드리
려다 가까운 국내 여행마저 영영 못 보내드릴 수도 있습니다. 우리
부모님 세대는 부부끼리 오붓하게 여행 다녀 보지 못한 분들이 많아
요. 자식 잘 둔 덕분에, 손주 보는 덕분에 두 분이 손 꼭 잡고 여행 다
녀오시도록 하는 건 어떨까요.

밤하늘의 별과 달을 따 오려는 이상은 평생 실천할 수 없습니다.
내 손에 닿을 수 있는 것부터 실천하는 게 우선입니다. 해외여행을
보내 드리고 싶은 마음은 알지만 부모님의 건강상의 이유로, 니의
경제적인 이유로, 시간이 많지 않은 이유로 어렵다면 차선을 권하는
것은 어떨까요? 우리 사정 다 아시는 부모님께는 차선도 충분한 효
도입니다.

1박 2일로 국내 여행도 좋고 새벽에 떠나 밤에 돌아오는 토요일

여행 코스도 좋습니다. 사계절을 두루 경험하시도록 봄에 좋은 곳, 가을이 절경인 곳의 여행 리스트를 준비해 철마다 보내 드리는 것도 좋지요. 강원도 여행은 서울에서 두 시간 정도면 갈 수 있고 대중교통 편도 좋습니다. 봄에는 남도 여행, 섬진강 벚꽃 놀이도 근사하지요.

자녀들이 차편과 숙소를 예약해 주고, 맛집도 알려 주면 대접 받는 느낌에 정말 행복해진다고 하세요. 손주 육아로 피로했던 몸과 마음이 재충전된다는 이야기도 많이 듣습니다.

'예약할까요?'보다 확실한 건 '예약할게요!'

농촌의 농한기는 대체로 겨울입니다. 추수와 수확을 끝낸 겨울철, 읍내에서는 이색적인 볼거리가 있는지 어르신들이 삼삼오오 입장합니다. 어르신들의 표현을 빌면 일명 약장수 공연을 보러 온 겁니다. 공연도 공연이지만 고개를 저절로 끄덕이게 만드는 기가 막힌 말솜씨로 웃음과 눈물을 선사한다고 하지요. 공연을 보고 나오는 어르신들 손엔 어김없이 이런저런 약 봉투가 들려 있습니다.

"아프다고 하면 자식들 뭐래요? 아, 아프다고 하지 말고 병원 가셔! 그러죠? 병원비는 안 주면서! 잔소리만 하지? 자식 믿을 거 없어요. 내 몸 내가 챙겨야지. 안 그러셔?"

그러면 할머니들이 여기저기서 "맞아요. 맞아" 한답니다.

다음 말을 옮기지 않아도 구구절절 옳은 말로 어르신들의 심금을

울리며 결국 몸에 좋다는 약을 사게 만드는 화법이 기가 막힙니다. 그러나 얘기를 듣고 보면 틀린 말이 없습니다. 우리는 부모님께 영혼 없는 '대충 립 서비스'를 자주 합니다. 게다가 투덜거리는 말투로 하는 경우가 정말 많습니다.

"여행 다녀오라고 그저 하는 말은 누가 못해요? 그냥 지나가는 말로 들리기 십상이죠" 하는 어머니들 말도 일리가 있습니다.

"자꾸 아프다고 하지 마시고 아프시면 병원 가세요."

"그거 사고 싶으면 사세요."

"놀러 가고 싶으면 놀러 가세요."

그러니까 요점은 '하고 싶다고 말씀만 자꾸 하지 말고 실제 하시라'는 얘기지만, 돈도 있어야 하고 시간도 있어야 하고 정보도 있어야 합니다. 그걸 도와드리는 건 어떨까요?

구체적인 계획을 행동으로 옮겨 마음을 표현하는 게 중요합니다. 그저 말뿐인 여행 권유 말고 오늘이라도 당장 가까운 여행지를 찾아드리는 게 좋습니다.

"엄마, 여기 보세요. 겨울엔 이곳이 최고래요. 보세요. 탄산이 뽀글뽀글…… 여기 예약해 드릴게요."

민주적인 절차에 따라 부모님과 협의를 하는 것도 좋지만 은천 좋아하시는 어머니, 아버지를 위해 "예약할까요?" 보다 확실한 건 "예약할게요, 예약 했어요"입니다.

"아, 내가 그렇게 사양했는데 굳이 보내주더라니까" 하며 만면에

피어나는 어머님들의 미소를 많이 보았기에 확신합니다.

만약 부모님이 알아서 하는 분들이라면 경제적인 지원을 해 드리면 됩니다. 형편에 따라 해 줄 수 있는 정도에서 최선을 다하면 부모님이 얼마나 좋아하실까요.

여행 가시는 두 분께 드리는 용돈 봉투에 편지 한 장 함께 넣으면 더 좋겠지요.

'어머니 아버지, 두 분 신혼여행처럼 다녀오세요. 사진도 많이 찍으시고 두 분이 손 꼭 잡고 재밌게 다녀오세요. 저희 걱정은 마세요. 하지만 두 분 돌아오실 때까지 저희가 손꼽아 기다리는 거 잊지 마세요~^^'

거기에 손녀가 서툰 글씨로 '할머니 할아버지 안녕히 다녀오세요' 하며 마침표 대신 입술 연지 뽀뽀 마크를 쪽!

분명히 부모님의 기쁨은 배가 될 겁니다.

여행이 어렵다면 영화표 두 장은 어떨까요? 부모님이 나란히 영화관에 가시는 모습은 참 근사합니다. 식사비 몇만 원 챙겨 드린다면 금상첨화일 거예요.

어머니 아버지가 가장 원하는 노후 생활을 할 수 있도록 부부가 머리를 맞대면 좋겠습니다. 현실적인 제약이 있겠지만 대안을 찾으면 무궁무진한 아이디어가 나올 수 있습니다. 다시 강조하자면 실천 가능한 것으로 접근해야 합니다. 말로만이 아니라 진정성 있는 것, 실천 가능하고 구체적인 것이 중요합니다.

…

밤하늘의 별과 달을 따 오려는 이상은 평생 실천할 수 없습니다.
해외여행을 보내 드리고 싶은 마음은 알지만 부모님의 건강상의 이유로,
나의 경제적인 이유로, 시간이 많지 않은 이유로 어렵다면 차선을 권하는 것은 어떨까요?

부모님께 마음 쓰는 법

1 정신적인 건강을 챙기세요

- 감사의 얘기는 얼굴 마주칠 때마다 드리세요.
- 아이 앞에서 할머니의 장점을 아끼지 말고 말하세요.
- 신생아, 영아를 맡긴 경우 말벗이 없는 어머니가 더 외로울 수 있습니다. 대화 시간을 많이 가지세요.
- 친구분들과 단절해 살지 않도록 살펴 드리세요.

2 신체적인 건강을 챙기세요

- 단지 내 헬스장 등 접근 가능한 곳에서 할 수 있는 취미 활동을 제안하세요.
- 가족의 외출 및 여행에 함께 하길 원하시는지 살피세요.
- 주말에는 신체적인 움직임이 있는 활동을 하시도록 권하거나 함께 하세요.
- 정기적인 건강 검진을 받을 수 있도록 챙기세요.
- 건강보조식품은 어머니와 의논해서 원하시는 것으로 준비하세요.

3 소외감 느끼지 않도록 배려하세요

- 마트에 갈 때도 권유하세요.
   : "어머니 함께 가시겠어요?"
- 물 한 잔 마실 때도 어머니를 잊지 마세요.
   : "어머니 드시겠어요?"
- 아이에게 할머니를 챙기게 하세요.
   : "현아야. '할머니 어서 오셔서 드세요' 하고 말씀드려야지. 할머니 손 잡고 모시고 오렴."
- 가족이 함께 하는 자리에서 최우선 순위는 부모님이 되게 하세요.
   : "먼저 할아버지 드리고.", "할머니 먼저 앉으시고."

부모님을 기쁘게 하는 여행 권유 방법

1 빈말처럼 권하지 말고 진심으로!

"여행 가시라니까요. 가시라는 데도 못 가시고." No!

2 부모님의 성향이 수동적이라면?

"어머니, 여기 보세요. 여기 좋겠죠? 예약할게요." Yes!

3 부모님께 여행지를 정하라 말씀드렸다면?

그냥 지나가는 말로 들릴 수 있으니 며칠 기다리지 말고 이튿날 확인하세요. 좋은 일은 서둘러도 좋습니다.

"어머니 정하셨어요? 결제하려고요." Yes!

어머니의 젊음을 찾아 드리는 저녁 여가 시간

"어머니는 평생 직장맘이셨어요. 공부도 하실 만큼 하셨고요. 이제는 쉬실 때도 되었는데 아이를 봐 주며 희생하시니 정말 감사드리죠. '어머니도 화려했던 날들이 있었는데, 지금도 하고 싶은 것들 많을 텐데' 마음 한편에 늘 그런 생각이 들었어요. 그러다 어느 날 늦은 저녁인데 어머니가 동창분들과 통화하시는 걸 듣게 되었죠.

'희숙아. 그래. 잘 지내지?' 하면서 여고동창 이름을 부르는데 뭉클한 거 있죠. 어머니도 소녀였고, 여자였어요. 갑자기 그냥 할머니가 된 게 아니잖아요.

그날 제가 '어머니, 저녁에 뭐 하시고 싶은 일 없으세요?' 하고 여쭤봤더니 '피곤하다, 그냥 쉬고 싶지. 하고 싶은 게 뭐가 있니, 이 나이에……' 하셨지만 차 마시면서 얘기 나누다 보니 하고 싶은 게 많으셨더라고요. 요가도 하고 싶으셨고, 피트니스센터 가서 운동도 하고 싶으셨고, 밤에 맘 놓고 텔레비전도 보고 싶으셨고요. 듣고 보니 저녁 시간을 활용하면 어머니가 여가 생활을 충분히 즐기실 수 있겠더라고요. 그동안 주말에 할 수 있는 활동만 생각했는데 오히려 어머니가 활력을 찾기엔 저녁 시간이 딱 좋아요."

●

필라테스와 요가는 '손주병' 예방에 좋아요

퇴근 시간이 일정하다면 저녁 식사 후 어머니가 집 밖으로 나갈 여건을 만들어 드리면 좋습니다. 한 시간 정도 집 근처의 피트니스센터나 운동을 할 수 있는 장소를 알아 보세요. 아파트 단지 안에 위치한 곳이라면 동선이 짧아 좋습니다. 하루 종일 말동무가 그리웠을 어머니는 운동을 하면서 말벗도 생기고 기분 전환도 되니 일석삼조 이상의 효과가 있어요.

손주를 보면서 여기저기 몸이 아프게 되는 '손주병' 예방에 필라테스나 요가 등이 좋습니다. 스트레칭을 하며 어머니도 스스로 좀 더 당당하고 자신감 있는 할머니가 될 거에요.

할머니라도 그분들은 여전히 여자이고 여성성을 잃고 싶지 않습니다. 아름다운 몸, 건강한 몸을 가진 여성으로 거듭나게 엄마들이 도와드리세요.

취미 생활로 영어 공부도 좋아요

손주가 돌 때부터 영어를 가르친다는 이웃 할머니의 이야기를 듣고 당신도 문득 영어 공부를 하고 싶다는 생각이 들더라는 할머니의 이야기를 들은 적이 있습니다. 이 이야기를 며느리에게 했더니 "어머니, 잘못하면 애 영어 발음이 문제가 돼요"라고 해서 약간 민망했다고 하셨지만요.

"어머니, 그럼 취미 생활로 일단 배워 보시겠어요?" 하며 며느리가 개인 영어 선생님을 주 1회 출장으로 보내 주었다며 흐뭇해하셨습니다. 영어 전공을 하는 학생이라서 과외 비용도 많이 안 들고 회화 위주여서 손주도 왔다 갔다 놀면서 들으니 함께 공부도 되고 더 좋다고 했습니다.

저녁에 학원에 가시도록 하는 방법도 좋습니다. 저녁 식사 후 바깥 공기도 쐴 겸 집 가까운 학원에 다니면서 어머님이 더 젊어지더라는 이야기도 들었습니다.

어느 쪽이든 어머니와 이야기를 나눠 결정하세요. 장성한 자녀들이 배려한다면 어머니는 젊었을 때는 여유가 없어 못 해 본 것을 할 수 있는 기회가 될 거예요.

우리 어머니들, 생각보다 감각도 젊고 생각도 젊고 마음은 더 젊습니다.

1년 사우나권은 피로 회복에 좋아요

이시형 박사의 한국 목욕 예찬에 대한 글을 읽은 적이 있습니다. 목욕은 욕조에 몸을 담그는 것으로 혈액순환을 도와 건강을 증진시킨다고 합니다.

집에서 매일 욕조에 물 받아 반신욕이나 전신욕을 하기란 사실 쉽지 않습니다. 우선 여유 있게 들어앉아 있기가 쉽지 않지요. 요즘은 욕조를 없앤 집도 많습니다. 있다 해도 욕조가 놀이터인 아이가 문밖에서 두드리는 통에 맘 편히 몸을 담그고 여유롭게 힐링하기는 쉽지 않아요. 매일매일 운동 삼아 사우나 간다는 어머님들은 피부에 윤기가 돕니다,

"냉탕, 온탕 번갈아 몸을 담그며 전신욕, 반신욕을 하면 하루 피로가 싹 풀리고 기분이 좋아지고 잠도 잘 와요. 게다가 개운하잖아. 그럼 몸도 맘도 가뿐해져."

어머니의 목욕 습관에 따라 1년 사우나권도 좋고 정기 목욕권도 좋습니다. 사우나는 피로 회복뿐 아니라 어머니를 향기롭게 만드는 효과가 있어요. 가뜩이나 아이를 맡기면서 위생에 신경 쓰이다면 어머니가 청결할 수 있도록 도움을 드리는 것이니 더 좋지요. 피로 회복, 개운한 몸, 늘 정갈한 어머니, 그리고 잠시 바깥나들이까지 할 수 있는 기회이니 여러모로 좋습니다.

어머니 방에 텔레비전을 설치하는 건 어떨까요?

텔레비전 시청이라든가 혼자만의 시간을 가질 수 있도록 어머니의 저녁 시간을 존중하세요. 어머니도 밤 시간은 자유로워야 합니다. 어머니 방에 텔레비전을 별도로 설치하는 방법도 좋습니다. 저녁 시간만큼은 개인 시간은 물론 텔레비전에 온전히 집중해서 볼 수 있도록 해 드리면 육아로 인해 부족했던 어머니의 시간을 여유롭게 즐길 수 있습니다.

"좋아하는 드라마 보는데 혹여 방해가 될 수 있다는 걸 알고부터 밤 여덟시부터 아홉시까지는 전화를 안 드려요. 어느 날 전화를 하는데 어머니가 반쯤은 딴 세상에 있는 듯해서 무슨 일 있느냐 무슨 걱정 있느냐고 했더니 느닷없이 우리 엄마 하시는 말이 '저것 봐라. 저 못된 게……. 아주 못 됐어' 하며 욕이라도 할 기세였거든요. 알고 보니 저녁 드라마를 보고 계신 거예요."

딸 목소리도 안 들릴 만큼 몰입하게 하는 주인공, 바로 드라마입니다. 드라마를 시청하면서 어머니는 낮 동안 쌓인 심리적인 긴장을 풀고 마음의 안정을 찾을 수 있습니다. 어머니 나이쯤 되면 아이와 같은 특성이 되살아나는 데 그중 '감정 이입'은 주목할 만큼 활발해집니다. 너무 몰입한 나머지 악역을 맡은 주인공을 향해 욕도 주저하지 않습니다. 가여운 주인공에게는 눈물도 아끼지 않지요. '눈물이 나려하는 순간, 옆에 앉은 엄마가 펑펑 울고 있어 눈물이 쏙 들어가더라'

는 이야기가 몇몇 엄마들의 얘기만은 아닐 겁니다.

저도 밤 시간에 어머니께 전화드릴 때는 텔레비전 프로그램 먼저 살피고 시간 봐서 수화기를 듭니다. 감히 '그런 드라마를 왜 보시냐' 하며 드라마의 품질을 논할 생각은 없습니다. 그건 누구도 드릴 수 없는 소소한 즐거움이며 카타르시스의 기회입니다.

어머니의 즐거움을 빼앗지 마세요. 밤 시간만큼은 보고 싶은 드라마를 맘껏 볼 수 있어야 합니다. 거실에서 가족들과 함께 이야기 꽃을 피우는 데 동참하도록 하거나 함께 텔레비전을 보시도록 권하는 것도 좋습니다. 단 어머니가 선택해 결정하시도록 해야 합니다. 선택의 여지없이 소파에 앉아 계시는 건 아닌지 헤아려야 합니다.

어머니가 행복하면 우리 아이에게는 메아리처럼 돌아갑니다. 아이를 위해 어머니를 챙기는 건 아니지만 무엇이 우선이든 어떤가요. 우리 모두 행복한 길이라면 찾아 나서야지요. 부부가 의논해 보세요. 우리 어머니께 어떤 저녁 나들이가 좋을까요? 어머니의 저녁 시간을 어떻게 즐겁고 행복한 시간으로 만들어 드릴까요? 우리 어머니는 어떤 활동을 좋아하실까요? 어머니의 젊음과 행복을 찾아 드리는 여가시간이 온 가족의 기쁨이 될 것입니다.

어머니를 가르치려면 친절하게

점순이가 어느 날 집으로 놀러 옵니다.

그러고는 행주치마의 속으로 꼈던 바른손을 뽑아서 나의 턱 밑으로 불쑥 내밉니다. 언제 구웠는지 아직도 더운 김이 홱 끼치는 굵은 감자 세 개가 쥐어 있었습니다.

"느 집엔 이거 없지?"

점순이는 생색 있는 큰소리를 하고는 제가 준 것을 남이 알면 큰일 날 테니 여기서 얼른 먹어 버리라고 합니다.

"난 감자 안 먹는다, 너나 먹어라."

나는 고개도 돌리지 않고 일하던 손으로 그 감자를 쑥 밀어 버렸죠.

그랬더니 쌔근쌔근 하고 심상치 않게 숨소리가 점점 거칠어져 '이건 또 뭐야' 싶어서 비로소 돌아다보니 가무잡잡한 점순이의 얼굴이 홍

당무처럼 새빨지고 게다가 눈에 독을 올리고 한참 나를 쏘아보더니 나중에는 눈물까지 어리는 것입니다.

어머니의 자존심을 지켜 주세요

김유정의 〈동백꽃〉에서 점순이가 내민 감자를 안 받은 주인공 '나'는 감자를 안 좋아했던 걸까요? 아니, 아주 좋아했습니다. 그런데 나는 왜 점순이가 내민 감자를 안 받고 거절했을까요?

바로 이 말 때문이었습니다.

"느 집엔 이거 없지?"

나는 쳐다도 보지 않고 감자를 쑥 밀어버리며 이렇게 말했습니다.

"난 감자 안 먹는다, 너나 먹어라."

그 이후 점순이는 나만 보면 잡아먹을 듯 했지요.

말로 인한 갈등을 이야기하면서 인용하기 참 좋은 소설이지요. 점순이는 주인공 나를 좋아합니다. 그래서 맛난 봄 감자를 몰래 건네주지만 나는 안 받습니다. 주려면 그냥 줄 것이지, 굳이 점순이는 우리 집에 감자 없음을 얘기하며 준답니까. 자존심 상하게요. 그런데 점순이 입장에서는 약 올리려고 한 게 아닙니다. 귀한 건데 내가 너 주려고 챙겨 왔다는 말을 멋쩍어서 하필 "느 집엔 이거 없지?" 하며 준 겁니다. 그런데 상대가 "난 감자 안 먹는다, 너나 먹어라" 하며 고개도 돌리지 않고 거절하니 점순이도 자존심이 상합니다. 홍당무가 되고 눈물까지 납니다. 그후로 점순이는 제 집 쌈닭을 나의 집 닭과 매일 싸움을 시키며 못살게 굽니다. 주인공 나와 점순이의 갈등을 고조시킨 건 '호의'와 '거절'이었는데요. 근본적인 문제는 '말실수'와 그로 인한 '자존심' 때문이었습니다.

"너 주려고 가져왔어. 맛있게 먹어" 하며 건네고 이것을 "그래, 고마워. 잘 먹을게" 하고 받아서 맛있게 먹었으면 둘의 관계는 '하하호호' 해피엔딩이었을 텐데요.

비단 소설에서만 이런 우습고 사소한 일로 갈등이 고조될까요?

우리 어머니를 스마트하게, 하지만 방법이 좋아야 합니다

손주의 나이가 어릴수록 손주 육아를 하는 어머니의 행동반경은 집 안입니다. 그래서 손주 육아를 '창살 없는 감옥'이라고도 표현합니다. 여행을 보내 드리는 것이 어머니의 여가를 돌보고 관심을 가져 드리는 좋은 방법이지만 자주 실행하기엔 현실적으로 쉽지 않습니다. 경우에 따라 바깥나들이도 힘든 우리 어머니를 위해 집 안에서 즐길만한 취미 생활로 컴퓨터 사용 방법과 인터넷 활용 방법을 알려 드리는 것은 어떨까요?

어머니께 무언가를 가르쳐 드릴 때는 배려를 많이 해야 합니다. 그렇지 않으면 나의 '호의'가 어머니께 '적의'로 전달될 수 있습니다. 아

"저는 우리 어머니가 인터넷 검색쯤은 하실 줄 알았거든요. 그런데 아니더라고요. 지금은 잘하시는데 처음 가르쳐 드리기 시작할 때 제가 엄청난 실수를 했잖아요."

'아빠 교육'에서 만난 젊은 아빠는 자신이 한 사소한 실수가 어머니를 몇 날 며칠 힘들게 했다던 일화를 들려주었습니다. 그건 사소한 말실수로부터 비롯됐다고 합니다.

"아, 놀라운데? 우리 똑똑한 어머니가 '컴맹'이셨어? 컴맹은 2000년 초에나 있던 말인데……. 자기야 울 엄마 컴맹이야. 웃기지?" 하며 주방의 아내에게 큰 소리로 말하는데 이 말을 옆에 있던 일곱 살 손주도 들은 겁니다.

"얼레리. 꼴레리. 할머니는 컴맹 컴맹."

아이를 비롯해 가족들 모두 웃었는데 유일하게 웃지 않은 분이 어머니였대요. 그러더니 슬그머니 일어나서 방으로 들어가시더랍니다. 며느리와 아들은 의아해하며 서로 쳐다보고 손주는 거실을 뛰어다니며 "할머니는 컴맹컴맹" 하며 노래하듯 반복했대요. 그때만 해도 아들은 어머니가 충격을 받은 줄은 모르고 "울 엄마 예민하시기는" 하며 넘어갔는데, 며칠 동안 말을 아끼시더랍니다.

저마다 민감한 부분이 있습니다.

어느 사람은 주삿바늘만 봐도 소름이 끼쳐 나이 불문 주사 맞는 것을 힘들어 하고, 고양이나 강아지를 보면 아예 다른 골목으로 비껴가는 사람도 있습니다. 자신이 고양이를 키운다고 해서 "고양이 싫어하는 사람 이해 못해" 할 일도 아니고 강아지가 자기 가족이라고 여기는 사람도 '개를 피하는 사람'이 있음을 인정해야 합니다.

사연 속 어머니는 말에 민감한 분입니다. 게다가 손주와 며느리 앞에서 체면을 중요하게 생각하는 분입니다. 아들이 어머니의 '컴맹'을 굳이 공지할 필요까지 없었습니다. 체면과 권위는 손주를 양육하는 할머니뿐 아니라 모든 어른께 정말 중요합니다.

친절하게 따뜻하게 반복해 가르쳐 드리세요

"느 집엔 이거 없지?" 하며 건네는 감자는 아무리 귀하더라도 받고 싶지 않은 호의입니다. "이거 너 주려고 가져왔어. 맛있게 먹어" 하고 싶다면 그렇게 말해야 됩니다. 어머니의 컴맹을 굳이 알리려는 목적이 아니었다면 장난삼아라도 하지 않는 게 좋습니다.

어머니들에게는 가르치려면 '친절하게', 반복이 필요할 때는 '더 친절하게' 해야 합니다. 제 자식 못 가르친다는 말이 있습니다. 아내에게 운전을 가르치다 부부 불화로 이어지는 일을 많이 들어 봤을 겁니다. 스마트한 우리 어머니가 인터넷 검색으로 정보도 찾고 육아 사이트도 활용할 줄 알면 손주와 말 통하는 할머니가 됩니다. 자주 무료해지는 손주 육아가 활기차집니다.

그러나 어머니가 스마트해질 때까지는 상세하고 친절한 반복이 필요합니다. 머리도 손도 빠르게 습득하는 나의 잣대를 들면 안 됩니다. 부모님은 정보를 익히는 속도가 우리보다 더딥니다. 더 친절하게 반복해서 알려 드려야 하는 이유이지요.

"지난번에 가르쳐 드렸는데 벌써 잊어 버리셨어요?"라는 말은 아끼고 "이건요. 이렇게 하면 돼요. 엄마가 직접 해 보시면 더 잘하실 수 있으니까 한번 해 보세요" 하며 다시 반복하고 직접 해 볼 수 있도록 곁에서 지켜봐 주세요. 지식은 아는 만큼 더 빨리 배우는 법입니다. 모를수록 배우는 속도가 느리고, 잊어버리는 속도는 빠릅니다.

젊은 부부의 기준으로 가르치지 말고 어머니의 속도를 고려하세요. 마우스도 엄마나 아빠가 독차지하지 말고 어머니 손에 쥐어 주세요. 입으로 가르치는 것보다 실제로 해 보아야 더 잘 배웁니다.

'손주 보느라 힘드시죠?'라는 질문에 이렇게 화답하신 할머니의 이야기를 들려 드립니다.

"힘들긴. 더 재미있어. 우리 애들이 나를 아주 스마트하게 만들었거든. 내가 이제는 인터넷으로 영화표 예약도 기가 막히게 잘하고, 영화 다운로드 받아서 컴퓨터로 우리 영감하고 밤에 같이 보기까지 해요. 그러니 요즘은 살맛 난다니까. 이만하면 손주 덕 보는 거 맞죠?"

칭찬은 어머니를 춤추게 한다

1 무시하는 발언은 절대 삼가세요

- "아, 좀 전에 가르쳐드렸는데."
- "벌써 잊어버리셨어? 그럼 이거 언제 다 배우실지 막막하네."

2 어려워할 때 격려 멘트를 아끼지 마세요

- "엄마, 이거 원래 복잡해. 저도 배울 때 헷갈렸거든요. 다시 해 볼까요?"
- "와, 우리 엄마 진짜 잘하시네. 완전 '빛의 속도'로 배우시는데요?"

3 부모의 배움을 아이에게 자랑하세요. 아이들에게도 교육적입니다

"와, 할머니는 진짜 멋지셔. 한 번 시작하면 끝까지 열심이시라니까. 존경스럽다. 와아~"

 어머니도 여자입니다

“애들 아빠가 해외 출장을 다녀오면서 제가 좋아하는 향수를 사왔어요. 제가 아무 생각 없이 ‘촌스럽게 향수는…… 같은 향수 많이 남았는데. 필요한 거 있냐고 물어나 보지. 어머니 지갑 예쁘잖아. 나도 지갑 바꿀 때 됐는데’ 했더니 말이 끝나기가 무섭게 어머니가 ‘얘야. 그거 안 쓸 거냐? 그럼 내 지갑하고 바꾸든지’ 하시는 거예요. ‘아니에요. 어머니 그냥 한 소리예요. 지갑 달라는 거 아니에요’ 하고 곧바로 말씀드렸는데 ‘그렇잖아도 향수가 있었음 했다’며 지갑을 내어 주시더라고요.

나중에 말씀하시는데 어머니가 평소 제가 쓰는 향수 냄새가 정말 좋으셨나 봐요. 그동안 화장품은 떨어지지 않게 챙겨 드렸는데 향수까지는 생각 못 했네요.”

아이도 향기 나는 할머니를 좋아합니다

제가 유아교육기관 자문으로 있어서 유아들과 자주 만나는 편입니다. 제일 좋아하는 일이 아이를 안아 주는 것, 솔직히 말하면 아이들에게 안기는 것을 좋아합니다.

"안아도 돼요?" 하고 물어보면 아이들은 좋아서 끄덕거리며 "네" 하며 오히려 저를 안습니다. 안아도 되느냐고 물었는데 먼저 안아주는 것은 아이들은 늘 안기고, 안을 준비가 되어 있으며 그만큼 스킨십을 좋아한다는 표현입니다.

그날 한 여자 아이가 저를 안더니 이렇게 말했습니다.

"선생님한테 좋은 냄새가 나요."

"아, 그래요? 어떤 냄새가 나는데요?"

"몰라요. 그냥 좋은 냄새가 나요."

그날 이후 저는 가급적 목 뒤에 살짝, 그리고 앞섶에 살짝 향수 뿌리는 것을 잊지 않습니다. 앉아서 아이를 안을 때 아이들이 내 목덜미 쪽으로 얼굴을 대고 있고, 서서 안게 되면 얼굴을 대는 키 높이와 안는 각도를 고려한 것입니다. 아이들을 자주 안아 주고 만져 줘야 하는 유아 교사는 늘 정갈해야 하고 아이들에게 기분 좋은 느낌을 주어야 한다고 말합니다. 아이들은 만지고 듣는 등 오감을 통해 배우고 오감으로 행복감을 느낍니다. 그 가운데는 기분 좋은 냄새도 포함됩니다.

...

여자라면 누구나 아름답고, 예쁘고, 향기 나는 여인이고 싶습니다.
나의 어머니는 어쩐지 여사입니다. 여성성을 잃어간다고
느끼는 시점에서는 여성적인 것에 더 관심을 가지게 될 수 있습니다.
지금 어머니의 화장대를 살펴보세요. 화장품과 향수가 채워져 화사해야 합니다.

제일 좋은 냄새는 정갈한 몸에서 나는 천연적인 몸 향기입니다. 그러나 때로 은은하고 느낌 좋은 향수를 살짝 뿌려 주어 할머니를 떠올리면 기분 좋은 향기를 기억나도록 하는 것도 좋습니다.

어머니께 향수를 선물해 보세요. 의외로 좋아하실 겁니다. 핸드크림도 준비해 주세요. 나이들수록 손이나 피부가 건조해지기 쉽습니다.

아이가 어릴수록 아이의 맨살을 만져야 할 기회가 많습니다. 기저귀 갈아 주고 안아 주고 아이 마사지하며 몸도 만져 주어야 하고요. 그럴 때마다 "엄마, 손 까칠하면 안 돼" 말로만 하지 말고 미리미리 어머니가 좋아하는 향수와 로션 등을 준비해 주세요. 나이 들면 몸 냄새에 더 민감해질 수 있습니다. 예민한 분이면 더더욱 신경을 쓰게 됩니다. 손주가 "할머니 냄새 나" 하는 말에 너무 민망해서 그 다음엔 아이 안는 것도 조심스럽다던 어머니도 있습니다. 그날 하필 한약을 먹은 뒤 아이를 안았더니 그 냄새를 맡고 한 말이었다고 합니다. 그냥 한 말에도 심리적으로 위축되는 것이 노년기의 심리적 특징입니다.

은은한 향이면 무난하지만 향수 고르는 재미를 어머니가 느낄 수 있도록 어떤 향이 좋을지 어머니와 함께 외출해 시향하는 건 어떨까요? 기분 전환은 물론 어머니의 여성성을 높이는 향기로운 기회로 삼으면 좋겠습니다.

만약 아버님이 함께 육아를 담당한다면 스킨이나 애프터 셰이브 로션은 어떨까요?

"선물로 화장품 세트를 준비했더니 받으시면서 무슨 로션이냐. 평생 그런 거 바른 적 없다던 아버님께 '아버님, 아이가 부드러운 손길을 좋아한대요' 했더니 손 씻고 핸드크림을 꼭 바르시는 거예요. 제가 이걸 놓칠 리 없죠. '아버님, 손주 사랑은 정말 못 말리세요' 하며 한 마디 드렸죠. 그 이후로는 면도하시고 꼭 로션도 바르세요. 아버님이 외모에 별로 신경 안 쓰시는 분이었거든요. 역시 손주 사랑은 할아버지라고 생각했어요."

어머니의 화장대를 살펴보세요

간혹 화장품 샘플로 젊은 시절을 지낸 어머니들이 있어요. 젊을 때는 젊으니까 괜찮았지만 나이 들면서는 초라하다는 느낌이 든다고 합니다. 어머니의 화장대를 눈여겨 살피는 살뜰함이 어머니와의 소통을 도울 거예요. 원활한 소통은 대화의 기술에서 나오는 것이 아니라 평소 좋은 관계에서 비롯됩니다. 좋은 관계의 핵심은 '관심'입니다.

어머니의 화장품을 관심 목록으로 두세요. 어머니를 여자로 인정해 드리는 것이 어머니를 기분 좋게 합니다. 갱년기를 지내고 여성으로서의 정체성이 흔들리는 어머니를 여성으로 대접하고 챙기는 것은 대단히 중요한 일입니다. 이왕이면 내 화장품보다 어머니의 것을 더 좋은 것으로 준비하면 어떨까요. 좋은 것의 기준은 가격일 수도 브랜드일 수도 있지만 무엇보다 어머니가 한번쯤 써 보고 싶었던 화장품이면 좋습니다.

여자라면 누구나 아름답고, 예쁘고, 향기 나는 여인이고 싶습니다. 나의 어머니는 여전히 여자입니다. 여성성을 잃어 간다고 느끼는 시점에서는 여성적인 것에 더 관심을 가지게 될 수 있습니다. 지금 어머니의 화장대를 살펴보세요. 화장품과 향수가 채워져 화사해야 합니다.

파마할 시간을 드리세요

살다보면 뭐가 바쁜지 파마할 시간도 없다고 한번쯤 푸념한 적 있을 겁니다. 모처럼 가려면 미용실 문 닫을 시간이 임박하거나 작정하고 가면 기다리는 시간이 만만찮지요. 어머니들도 마찬가지예요. "몇 달에 한 번 가는 데도 그나마 시간이 없다" 하시는 얘기를 귀담아 들어야 합니다.

어머니가 파마하러 가는 날은 시간 맞춰 갈 수 있도록 배려해 주세요. 미용실을 미리 예약해 드리면 더 좋고, 미용실에 어머니 잘 부탁드린다는 말 한마디 남기면 더더욱 좋고, 파마 비용 미리 결제해 놓으면 그보다 더 좋을 수는 없습니다.

이왕 어머니 머리에 신경 쓰는 김에 헤어 제품도 살펴볼까요?

피부만 건조해지는 게 아니라 어머니 나이가 되면 머리카락은 부스스 해집니다. 파마를 마치고 온 어머니께 헤어팩이나 헤어 에센스를 선물로 준비해 드리면 좋겠습니다. 어머니가 평소에 사용하던 제품도 좋고, 그보다 조금 더 비싼 제품을 특별히 준비했노라 안겨 드려도 좋겠습니다. 향수, 화장품, 헤어 제품 등을 '손주 육아 특별 성과급' 목록에 추가하세요.

어느 엄마의 사례 발표가 생각납니다. 미용실 예약하고 비용 결제한 후 '미용실 선물권'을 직접 만들어 드렸다고 해요. 여섯 살 아들이 선물 봉투에 그림을 그려 꾸미고, 카드에 '할머니 미용실 이용권'이라고 카드를 써서 직접 드렸대요. 받으시는 어머니의 표정이 그려지나요? 마음은 겉으로 표현할 때 더 크게 전달됩니다.

어머니가 여자로서 정체성을 가지면 스스로를 가꾸는 것은 물론 주변도 챙기고 의욕이 넘칩니다. 우리 어머니는 여자입니다. 여자임을 스스로 느낄 수 있도록, 늘 화사하고 향기 나는 어머니가 되도록 곁에서 응원해 주세요. 손주들도 당당하고 자부심 강한 할머니를 좋아합니다.

칭찬은 부모님의 금슬을 좋게 합니다

"젊었을 때는 멋모르고 애 키웠잖아요. 그땐 남편들이 밖에서 일하느라 애 키우는 거에 관심이나 뒀나요. 그러니 나 혼자 동동거리는 거 같고 어떨 땐 야속하기도 했지. 그런데 손주 키우다 보니까 그동안 못 봤던 남편의 좋은 점이 보이는 거예요. 그렇게 자상할 수가 없어요. 남편이 나한테 나긋나긋해졌다니까요. 손주 보느라 밥도 못 먹고 있으면 '내가 볼 테니 식사해요' 그러는 거예요. 젊었을 때라면 생각도 못할 일이지요. 눈물이 쏙 나게 고맙더라고요. 역시 노후엔 부부 밖에 없다니까요. 손주 안 봤으면 여전히 둘이 데면데면 소 닭 보듯 했을 거잖아요. 난 취미 생활 한다고 밖으로 나가고 남편은 남편대로 서로 남 보듯 했을 텐데. 손주 덕에 요즘 남편이랑 알콩달콩해요."

손주 육아하면서 남편을 다시 봤어요

손주 육아를 하며 가장 보람 있는 일을 들어 보았습니다. 손주에 대한 자랑과 자식들이 얼마나 살갑게 챙겨 주는지 심신의 고달픔보다는 손주 보는 즐거움이 더 크다는 이야기가 강연장을 가득 채웠습니다. 그런데 의외의 이야기로 새로운 물꼬가 터졌습니다.

"난, 남편과 사이가 좋아졌어요. 애들도 엄마 아빠 금슬이 확실히 좋아진 거 같다고, 엄청 보기 좋다며 비결이 뭐냐 물어요."

그 말이 끝나기 무섭게 맞장구를 치며 쏟아지는 할머니들의 이야기. 이기적이라고만 생각했던 남편이었는데 손주 육아하면서 다시 보이더라는 할머니, 발바닥이 후끈후끈하다고 했더니 할아버지가 발바닥을 꾹꾹 눌러 주며 풀어 주더라는 할머니, 손주 보느라 고생이라며 격려하는 남편 덕에 힘든 줄 모르겠다는 할머니, 사례는 끝이 없습니다.

아이는 할머니가 키우지만 할머니는 호칭일 뿐 아이에게 하는 역할은 '엄마'와 같습니다. 아이에게는 할머니 할아버지지만 두 분의 역할은 '부모'와 같습니다. 자연스레 두 분은 젊었던 부부의 시절로 돌아가는 경험을 하게 됩니다. 손주 육아를 하면서 두 분의 사이가 좋아져서 부부 관계를 다시 시작하셨다는 분들도 많았습니다.

"몸이야 마음 따라가는 거잖아요. 남편의 좋은 점이 보이니 맘이 가고 몸도 가는 거지."

손주 육아하면서 대화할 일이 많아져 소통을 자주 하다 보니 마음이 통하더라는 말에 많은 분들이 공감을 합니다. 어느 날 남편이 손주한테 상냥하게 말하기에 목소리 좋다고 했더니 이후로 부쩍 목소리에 신경을 쓰더랍니다. 그 다음부터 할머니는 할아버지에게 '칭찬 세례'를 하기 시작했다지요.

"여보(호칭도 둘이 있을 땐 ○○할아버지 대신 여보, 자기라고 부르셨대요), 나보다 이유식을 더 잘 만드시는 것 같아. 당신이 하면 애가 더 잘 먹어. 먹이는 것도 더 잘하시네."

요즘은 "뭐 도와 줄 거 없어?" 하며 자발적으로 도움도 주어 서로 데면데면 했던 사이가 오히려 신혼인 듯 좋아졌다고 합니다.

손주 보니까 남편이 더 청결하게 하려고 노력하고, 손주 보면서 할아버지 냄새가 난다고 할까봐 담배도 끊고, 그러니 할머니는 또 남편 칭찬하고, 그러다보니 서로의 장점이 더 보이더랍니다. 손주 육아로 금슬이 좋아진 이야기로 한동안 강연장이 시끌벅적했습니다.

●

어머니 아버지 금슬 좋게 하기 프로젝트

두 분이 금슬이 쉽게 좋아지지 않는 경우라도 조금만 관심을 가지면 금슬을 좋게 만들 수 있습니다. 두 분 앞에서 서로를 칭찬하는 것부터 시작해 보세요.

"아빠, 유치원 선생님이 그러는데 우리 엄마 같은 할머니 처음 본

젊고 멋진 우리 부모님이 아이도 더 건강하고 행복하게 키웁니다.
부모님을 행복하게 하는 것이야말로 조부모 육아 최고의 비법.입니다.

대. 정말 매력적인 분이래요. 아빠는 좋겠수."

"엄마, 아빠는 나이 들수록 멋있어지는 것 같아. 역시 난 아빠 복이 많아. 엄마도 좋죠?"

어머니께는 "이쁘셔, 아름다우셔" 해 드리고, 아버지께는 "멋져세요. 훌륭하세요. 근사해요" 수시로 표현하면 좋습니다. 우리의 어머니 아버지이기 이전에 여자 남자입니다. 여전히 두 분의 마음은 청춘입니다.

어머니께 예쁜 속옷을 선물하면 어떨까요. 두 분이 함께 가시도록 영화 티켓도 준비해 드리고, 아빠용 향수도 좋습니다. 여행 보내 드리기도 좋습니다. 두 분이 행복할 수 있는 이벤트를 만들어 드리세요. 젊고 멋진 우리 부모님이 아이도 더 건강하고 행복하게 키웁니다. 부모님을 행복하게 하는 것이야말로 조부모 육아 최고의 비법입니다. 좋은 분위기 속에서 정서적으로 안정된 아이로 자라고 잘 자라는 아이를 보면서 고부, 장서간 갈등이 사라집니다.

"우리 부부가 좋으니까 서운한 것도 별로 없어요. 사람 맘이 편하니까 맺히는 게 없어서 그런가 봐요. 둘이 좋으니까 웃을 일도 많고 웃으니 손주도 말 잘 듣는 거 같아요. 예전엔 애들에게 '서로 잘 지내라. 부부 밖에 없다' 말은 하면서도 그저 무덤덤히 살았는데 요즘은 정말 좋아요."

젊고 멋진 부모님 만들기

1 두 분의 남성성과 여성성을 부각하는 말을 자주 하세요

"엄마는 몸매가 여전히 예쁘셔. 관리 비법이 뭐예요?"

"아빠, 근육이 애들 아빠 못지않아. 어떻게 관리하는지 애 아빠한테도 전수 좀 해 주세요."

"두 분이 손주 데리고 나가면 늦둥인 줄 알겠어요. 우리 부부도 나중에 엄마 아빠만큼만 됐으면 좋겠어요."

2 월급날을 이벤트 날로 정하세요

월급날마다 부모님 두 분이 오붓하게 보내실 수 있도록 특별한 이벤트를 만들어 드리는 건 어떨까요? 영화표를 선물한다거나 두 분이 나란히 누우시게 해 영양팩을 해 드리는 것도 좋아요. 할머니 할아버지의 정다운 모습을 보며 아이는 행복을 느낍니다.

어머니의 수고를 인정하는 것

"'어머니, 고맙습니다.

저에게 어머니는 하늘이에요. 어머니가 계셔서 저희 부부가 맘껏 일할 수 있어요. 이번 팀장 승진도 어머니께 영광을 돌립니다.

어머니, 저는 정말 바라는 거 없어요. 지금처럼만 저희 곁에 계셔 주세요. 어머니의 손주가 이 세상에서 제일 존경하는 분이 바로 할머니래요.

저희 가족 모두 사랑합니다, 어머니.'

며느리의 편지에요. 편지 아래쪽에는 여섯 살 손주가 '사랑해요. 할머니' 하고 옆에 자기 이름까지 썼더라고요. 그 옆에 아들도 '엄마, 존경합니다'라고 쓰고. 난 정말 더 바랄 게 없이 행복해요."

별것 아닌 것도 어머니에겐 별것입니다

앞의 사연은 은퇴 후 일주일에 한 번 강의를 나오시던 어느 노교수님이 들려주신 이야기입니다. 학자로 꽤 명망있는 교수님은 은퇴 무렵 손주를 맡게 되어 고민이 많으셨습니다. 그런데 봄 학기에 다시 만난 교수님은 '언제 그런 걱정 했나'라는 표정을 지으며 얼굴에는 부드러움과 희색이 가득했습니다. 마침 '조부모 육아'에 대한 칼럼을 쓰고 있던 제게 며느리의 편지를 보여 주며 행복해하는 교수님의 사연은 인상적이었지요. 큰 기쁨은 의외로 작은 것에서 비롯되고 모든 것은 마음에서 싹 터 꽃을 피우는 것임을 다시금 느꼈습니다.

'엄마가 퇴근해서 돌아오면 뭔가 특별한 것이 있다'를 실천하라고 직장맘에게 권합니다. 아이가 좋아하는 색종이, 문구, 때로는 아이가 좋아하는 간식 등을 준비하는 것이지요. 그럼 아이는 퇴근 시간에 기대하는 것이 있으니 엄마에게 기분 좋게 출근 인사를 한다고 합니다. 퇴근 후 돌아오는 엄마와 긍정적 상호작용이 되지요. 아이와 엄마 사이에 매력적인 매개체를 만드는 것입니다.

이 원리를 나의 어머니에게도 적용하면 좋습니다. 퇴근길에 어머니를 위해 무언가 준비하면 어떨까요. 어머니가 좋아하시는 것이 뭘까요. 퇴근 때니까 간식도 좋겠습니다. 어머니가 좋아하는 간식은 어머니뿐 아니라 아이도 좋아합니다.

어머니를 위한 순대 몇천 원어치는 '진심 어린 마음'으로 전달되어 측량할 수 없는 기쁨이 됩니다. 겨울철 붕어빵은 어머니도 좋아하시지만 아이도 나도 함께하니 마주 앉을 시간을 만들어 줍니다. 지하철로 출퇴근한다면 퇴근용 이벤트 소품을 이것저것 만날 수 있습니다. 수면 양말도 좋고 덧신도 좋습니다. 마음이 깃든 것이라면 무엇이라도 좋습니다.

드리면서 어머니를 향해 이런 말 잊지 마세요.

"어머니, 좋아하시는 간식 사왔어요. 많이 드세요."

아이가 시샘할 수 있으니 아이를 향해서는 "○○야, 할머니께 좀 주세요. 할까?" 하세요.

이 간식은 어머니를 염두하고 마련한 것이니 간식의 주인인 어머니가 맘대로 할 수 있어야 합니다.

어머니를 위해 준비했는데 아이한테 생색낸다는 얘기를 들어서 덧붙입니다.

"기껏 날 위해 사왔다면서 애한테 넘겨주는 거야. '○○야, 할머니랑 나눠 먹어' 그러고는 아이 손에 쥐어 주는 거지. 그럼 내가 애한테 그거 얻어먹으려는 꼴밖엔 안 돼. 가뜩 제 엄마가 와서 신이 난 손자가 간식 봉지 들고 이리 뛰고 저리 뛰거든. 그렇다고 내가 그거 할머니꺼니까 달라고 할 수는 없잖아요. 그러면 며느리가 '그거 식는다. 얼른 할머니 드려' 하고 애한테 소리쳐요. 그렇게 애한테 뺏다가는 애 울린다니까요. 오히려 민망하죠."

만약 아이를 통해서 할머니께 드리고 싶다는 교육적인 목적이 있

다면 아이가 바로 전해 드리도록 잘 가르쳐야 합니다,

"이거 '할머니 드세요' 하고 할머니 드려요" 하면서 그 자리에서 아이가 얼른 할머니께 전하도록 해야 합니다.

별 것 아닌 간식이라도 어머니에게는 모든 게 별 것입니다. 혹시 어머니께 권하지도 않고 식구들끼리 먹은 적이 있다면 그건 절대 안 될 일입니다.

"나이 먹으면 왜 옹졸해지는지 실감하고 있어. 식탁에서 지들끼리 떡볶이를 만들어 먹는데 얼마나 웃으며 맛있게 먹던지 괜히 안 먹는다고 후회한 적도 있어요."

안 드신다 하고도 이렇게 후회까지 하는 게 어머니의 마음입니다. 어머니가 느끼는 만감에 공감해야 합니다. 한 번 거절하셨더라도 권하고 또 권하세요. 괜찮다고 해도 한 번 더 살펴 드리세요. 노년의 어머니께 보이는 관심은 지나쳐도 부작용이 없습니다.

영혼 없는 선물은 어머니도 아세요

"주로 옷을 선물하는데 맘에 안 드신다고 하면 바꾸러 가는 게 더 번거로워요. 예전에는 제가 사드리는 건 무조건 다 맘에 드신다더니 요즘 까다로워지셨어요. 크다 작다 색깔이 좀 칙칙하다 그러세요. 그러니까 기껏 선물해 드리고 좋은 적이 별로 없어요."

...

어머니께 건네는 가족들의 눈빛은 어떤지요. 따뜻한가요.
존경하는 눈빛인가요. 할머니를 대하는 우리 아이의 태도는 어떤가요.
아무리 어린 손주라도 할머니를 대하는 태도가 예의 바른지 살펴보세요.

어머니의 취향도 바뀝니다. 서프라이즈한 재미는 줄더라도 어머니와 함께 가는 건 어떨까요. 어머니는 딸과 쇼핑하는 재미가 더 클지도 몰라요. 구두든 스카프든 옷이든 입어 보는 즐거움과 "잘 어울려요, 이건 어떨까요?" 하며 얘기하는 재미도 있으니까요.

"저는 차라리 한 달에 얼마, 이렇게 정해 놓고 드리는 게 더 좋은데 우리 어머니는 절대 안 받으신대요. 철철이 옷 해 드리고, 보약 해 드리고, 여행 두 번 보내 드리는 거 계산해 봤더니 그게 은근 더 들어가요. 그런데도 밖에 나가서는 손주 봐주면서 어떻게 애들한테 돈 받냐고 그러시는데 은근 억울한 거 있죠."

아이 엄마 입장에서는 억울할 수도 있고 신경 쓰일 수도 있어요. 그런데요. 그런 어머니들이 오히려 자랑 많이 하세요.

"이 옷이요? 며느리가 사줬죠. 애가 내 취향은 기가 막히게 알아서 사 주네. 정말 딸처럼 어찌나 살가운지."

"늦복이 터졌죠. 영감하고 해외여행을 다 다녀왔어요. 애들 아니면 우리 두 늙은이 주변에 어림도 없죠. 여행가기 전 며칠 동안 설레서 잠이 오질 않는 거야. 딱 소풍 가는 애들 때 맘이더라니까요."

이왕이면 선물을 살 때 예쁘게 포장해 달라고 해서 감사 카드도 넣어서 마음을 전하면 좋겠습니다.

"어머니랑 같이 고른 옷이에요. 어머니 이 옷 입으셨을 때 정말 잘 어울리셨어요. 주위가 환했다니까요. 다른 분들도 다 쳐다봤을 정도예요. 우리 어머니 패션 감각도 '짱'이고 제가 본받을 점이 정말 많아요. 사랑하고 존경해요. 어머니."

어머니께 건네는 가족들의 눈빛은 어떤가요

"한번은 애랑 둘이 있는데 그날따라 너무 힘이 부치는 거야. 너무 힘들어서 아들한테 전화해서 막 울었어요. 나 너무 힘들다고, 빨리 들어오라고. 아들은 미안해서 어쩔 줄 몰라 하죠. 그래도 어쩌겠어요."

어느 기사 내용 중 일부입니다. 손주 키우다 생긴 병이라고 해서 '손주병'이라는 신조어가 생겼습니다. 척추관협착증, 관절염, 손목터널증후군 등 손주 육아를 하는 우리 어머니들이 많이 겪는 질환들이 손주병 목록이지요. 손주가 어릴수록 들어 주고 안아 주다 보니 등에 통증을 호소하는 어머니들이 많다고 합니다.

예쁘기 만한 손주라서 선뜻 육아를 시작했지만 젊은 시절에 아이 키울 때와는 다릅니다. 나이를 먹으니 몸이 따라주지 않습니다. 더구나 아파도 손주를 보면서는 병원에 갈 시간이 없으니 치료를 받으러 갈 엄두도 나지 않는다고 합니다. 병을 알면서도 키우는 것이지요. 그러니 스트레스는 높아지고 우울증은 깊어집니다.

이뿐 아닙니다. 몸 아픈 거야 손주 안 봐도 아플 수 있으니 나이 탓으로 돌린다지만 어머니들은 '마음이 아픈 것'에 더 힘들어 합니다. 손주의 나이가 어릴수록 양육을 맡은 어머니는 개인 시간을 잃고 말 상대가 없으니 우울증을 겪을 수 있습니다.

신체 기능의 저하도 노년기의 특징이지만 그로 인해 스스로가 늙었다는 자각을 하게 되어 우울증으로 쉽게 연결된다는 사실은 이미 널리 알려져 있습니다. 이런 노년기를 보내는 우리 어머니가 손주 육아를 맡는 동안 가족으로부터 존재감을 무시당하면 우울증이라는 무서운 질환이 고속 질주해서 달려듭니다. 노년 우울증은 발병하면 치료에 많은 시간과 공을 들여야 합니다. 어떤 병이든 마찬가지겠지만 발병 전 예방이 필요합니다. 정신적 질환은 행복함으로 충만하게 해 드리는 것이 가장 좋은 예방법입니다. 취미 생활은커녕 어린 손자가 칭얼거리는 바람에 외출은 엄두도 못 내고 친구들과의 통화조차도 쉽지 않은 우리 어머니들에게는 가족의 관심과 사랑이 정말 절실합니다. 다른 것 아닙니다. 어머니의 수고를 인정하는 것! 소외감 느끼지 않도록 하는 것입니다.

어머니께 건네는 가족들의 눈빛은 어떤지요. 따뜻한가요. 존경하는 눈빛인가요. 할머니를 대하는 우리 아이의 태도는 어떤가요. 아무리 어린 손주라도 할머니를 대하는 태도가 예의 바른지 살펴보세요.

"나이가 드니 어지간한 것도 다 서운해"라는 어머니의 이야기도 흘려듣지 마세요.

손주병의 목록에 '서운병'이 있다고 합니다. 늙으니까 애 됐다는 소리 들을까봐 속으로 삭이고 숨기는 병이 서운병입니다. 가족 말고는 치유할 수 없는 병 또한 서운병이지요.

어머니 건강은 가족 건강의 핵심입니다. 어머니의 건강을 챙기는 가장 좋은 방법은 마음 편히 해 드리는 것입니다. 아무리 힘들어도 마음 편하고 행복하면 다른 건 괜찮다는 분이 우리 어머니들입니다.

"비타민, 철분, 칼슘, 글루코사민……. 제가 받은 크리스마스 선물이에요. '어머니 건강이 곧 우리 가족 건강'이라며 온갖 영양제를 선물로 듬뿍 안기네요. 한꺼번에 먹으면 좋으니 안 좋으니, 이런 얘긴 둘째 문제고요. 기분이 얼마나 좋은지 말도 못합니다. 근데 더 기특한 건요. 제가 평소에 지나는 말로 했던 여기저기 몸 아프단 말을 기억했다가 필요한 영양제를 해준 거예요. 얘가 내 말을 허투루 안 듣는다니까요. 어른 대접 받는 거 같아 더 기분이 좋은 거죠."

"무엇보다도 내게 관심을 가진 거잖아요. 주변에 보면 아무리 아프다 해도 그저 나이 먹어서 그러려니, 다른 어머니들도 그런다고 예사로 넘긴다는데 우리 며느리는 내가 어디 조금 아프다 하면 얼마나 엽렵한지 바로 필요한 걸 사줘요. 손주 둘 봐도 난 힘든 걸 몰라요. 물론 몸이야 힘들지요. 근데 나이 들면 역시 마음이 더 우선이거든요. 몸이야 어디 논다고 안 아프겠어요?"

"힘드냐고요? 힘이야 들지요. 근데 손주가 '할머니 사랑해요' 하면 싹 가셔. 힘든 게 뭐야. 기운이 팔팔 난다니까요. 얼마 전엔 애들이랑 외식하는데 며느리가 그러대요. '어머니가 좋아하시니까 제가 더 좋아요. 자기야 어머니 저렇게 좋아하시네. 진짜 잘 모시고 나왔어' 이런 말 들으면 안 먹어도 배부르지요."

'너그럽고 좁은 것은 한 치 마음에 달려있다'는 채근담菜根譚의 구절이 생각납니다. 어머니의 한 치 마음을 채워 주세요. 사랑의 표현과 존경의 말을 아끼지 마세요. 어머니들에게는 보약이고 힘 펄펄

숫게 하는 불로장생 명약입니다. 별것 아닌 것도 어머니에겐 별것이라는 말, 꼭 기억해 주세요.

나의 어머니, 건강하세요. 그리고 사랑합니다.

어머니를 기쁘게 하는 특별한 성과급

1 명절과 생신에 챙기는 성과급

'매달 용돈 드리는데……'라고 생각하지 마세요. 직장인도 보너스를 받으면 기분 좋듯 어머니들도 마찬가지입니다.

2 성과급이 여의치 않다면 부담스럽지 않은 선물

평소 무엇이 필요한지 살펴 어머니가 좋아할 만한 선물을 준비하세요.

3 건강 검진은 의미 있는 성과급

정기 건강 검진으로 어머니를 건강하게 지켜 드리세요.

4 아이가 용돈으로 준비한 카네이션과 선물

어버이날에 손주가 하는 선물은 할머니에겐 더할 나위 없이 귀한 성과급입니다.

5 부모님 두 분을 위한 성과급

연애하시는 것처럼 기분 전환이 되도록 여행이나 외식 등 두 분만의 온전한 시간을 이끌어 드리세요.

6 마사지 성과급

모녀 또는 고부가 함께 누워 도란도란 이야기 나누며 받는 마사지는 특별한 기쁨입니다.

사랑의 꽃바구니

칭찬 스티커를 아이에게만 사용하라는 법 있나요?

딸을 위해, 며느리를 위해 기꺼이 손주를 맡아 주신 우리 어머니께 얼마나
감사한가요. 고마운 마음을 표현하고 싶은데 쑥스러워서, 방법을 잘 몰라서
미뤄 둔 엄마들이 있다면 어머니를 위한 칭찬 스티커를 활용해 보세요.

칭찬 스티커 사용법

1. 꽃바구니 페이지를 자른 후 냉장고나 방문 등에 붙이세요..
2. 어머니께 고마울 때마다 스티커를 떼어 꽃바구니에 붙입니다.
   4+1 : 작은 꽃 스티커를 네 번 붙이면 다섯 번째는 커다란 꽃 스티커를 붙이세요.
   다섯 번째 꽃 스티커에는 어머니께 드릴 선물을 적으세요.
3. 두근두근~ 기대하는 어머니께 선물을 안겨 드리세요.

어떤 선물이 좋을까요?

미리 결제를 마친 미용실권, 손주의 어깨 안마권, 육아로 지친 몸을 풀어 줄
사우나권, 부모님을 위한 영화관람권 등 일상에서 어머니를 기쁘게 할 선물을
고민해 보세요. 평소 어머니가 원하시던 것들을 적어도 좋겠죠?

선물과 함께 전할 말

선물만 달랑 드리기는 아쉽죠?
어머니를 따뜻하게 안아 드리며 선물과 함께 마음을 전하세요.

"엄마, 고마워요, 엄마가 있어서 마음 편히 직장 다닐 수 있어요."
"어머니, 전 어머니 없으면 안 돼요. 정말 감사해요."
"엄마, 엄마 덕분에 엄마 손주 잘 큰 것 같아. 그쵸?"
"어머니, ○○아빠처럼만 키워 주세요. 정말 감사해요."
"엄마는 어쩜 그렇게 아이를 잘 키우실까. 정말 훌륭하셔."
"어머니는 뭐든 잘하시는 거 같아요. 최고예요"

[고마운 우리 어머니를 위한 칭찬 스티커]

[고마운 우리 어머니를 위한 칭찬 스티커]

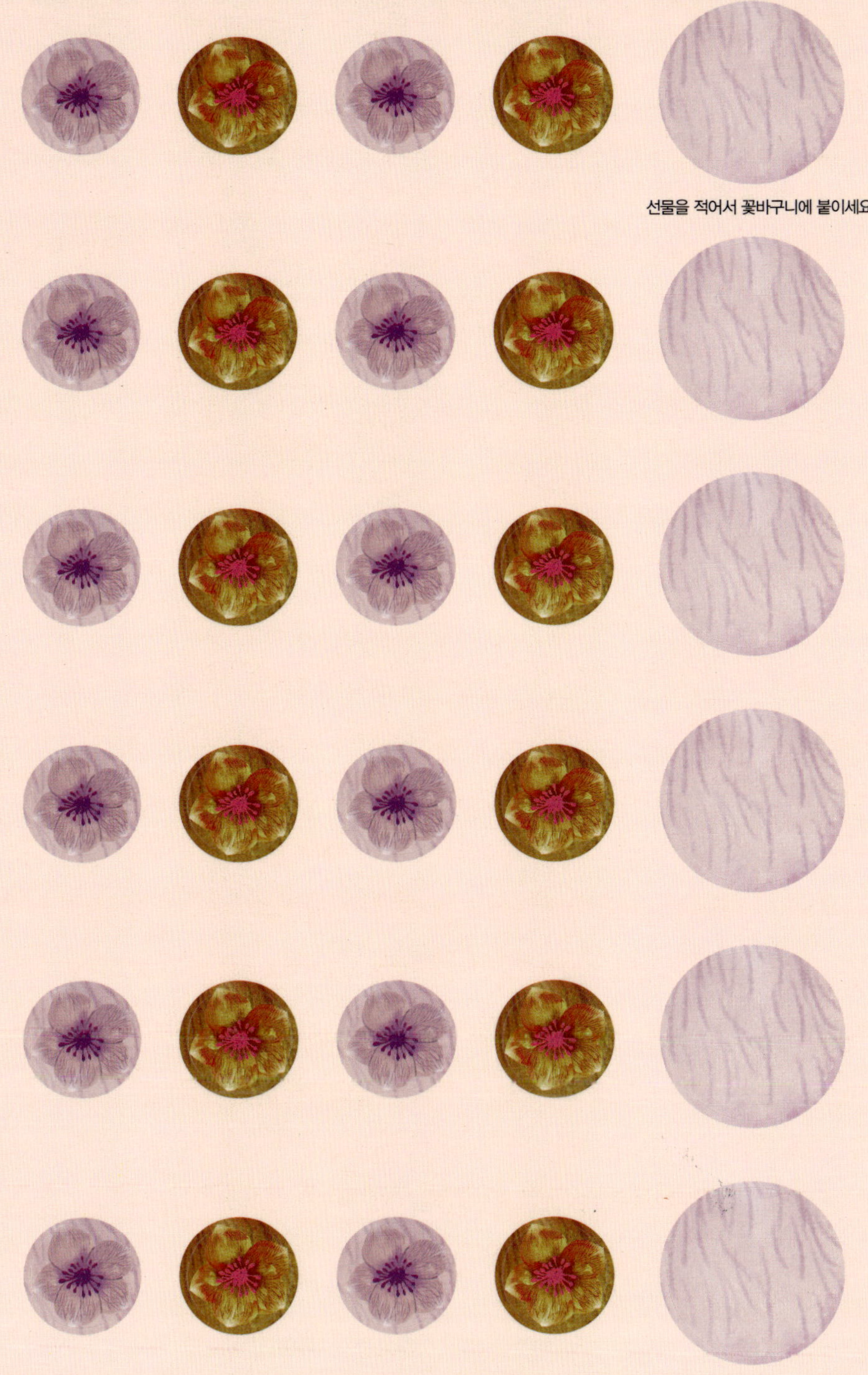

선물을 적어서 꽃바구니에 붙이세요

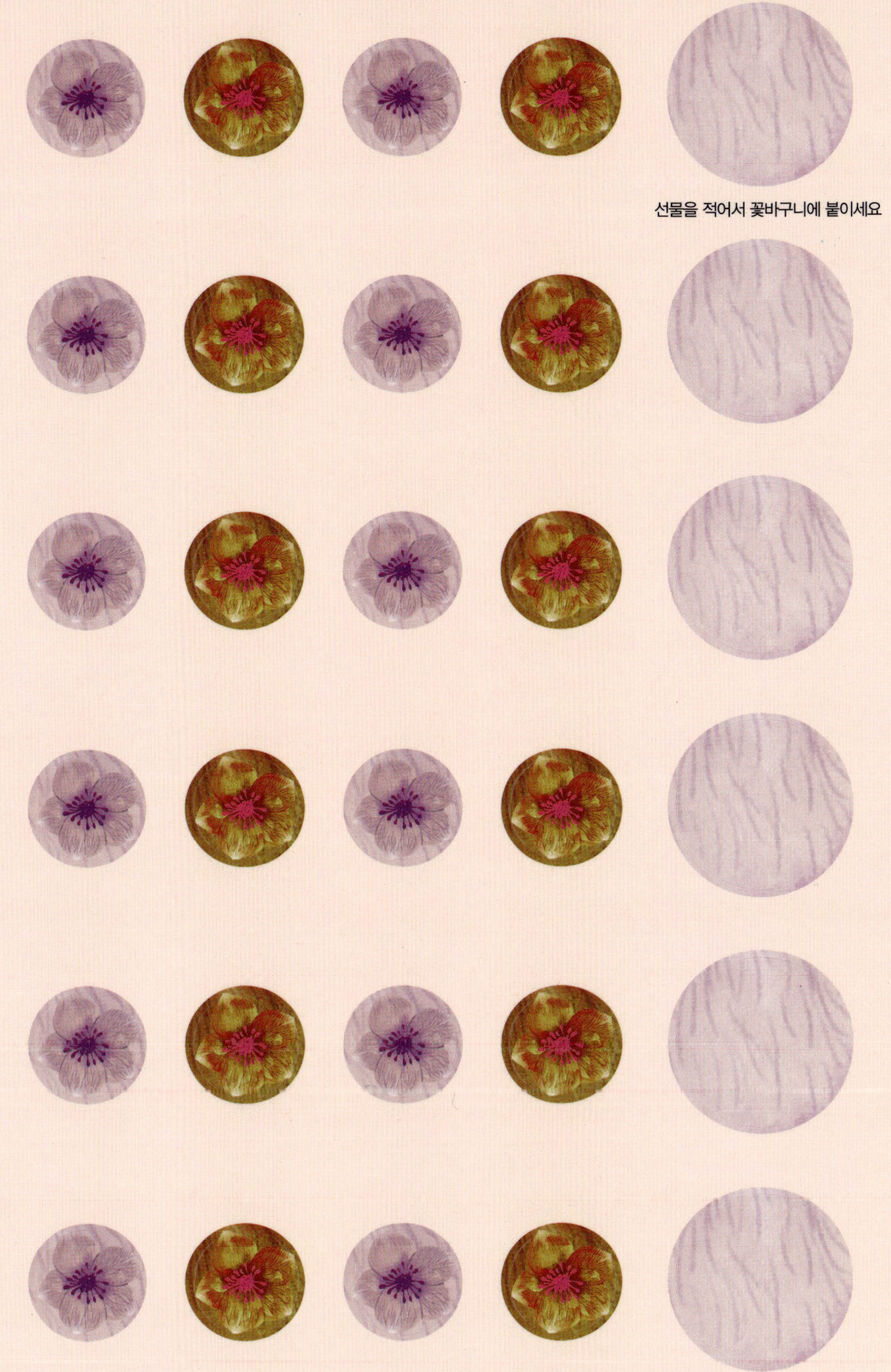

선물을 적어서 꽃바구니에 붙이세요